DES AVANTAGES

QUE PRÉSENTERAIT EN ALGÉRIE

LA DOMESTICATION

DE

L'AUTRUCHE D'AFRIQUE.

Paris.— Imprimerie de L. MARTINET, rue Mignon, 2.

DES AVANTAGES

QUE PRÉSENTERAIT EN ALGÉRIE

LA DOMESTICATION

DE

L'AUTRUCHE D'AFRIQUE

Struthio-Camelus (LINNÉ).

MÉMOIRE LU A LA SOCIÉTÉ IMPÉRIALE ZOOLOGIQUE D'ACCLIMATATION

dans ses séances des 1er et 15 février et 14 mars 1856.

PAR

L. A. GOSSE (de Genève),

Docteur en médecine,
Chevalier des ordres du Sauveur, de la Rose et de Léopold,
Officier de l'Aristion,
Délégué de la Société impériale zoologique d'acclimatation
à Genève, etc., etc.

PARIS

IMPRIMERIE DE L. MARTINET

RUE MIGNON, 2.

1857

A mesure que l'homme étend son empire sur cette terre, à mesure que les moyens de destruction dont il dispose se multiplient et se perfectionnent, les animaux sauvages tendent à diminuer ou même à disparaître, et ce sont ordinairement les plus inoffensifs, souvent les plus utiles, qui sont les premières victimes de cette loi inflexible.

Mais l'espèce humaine, à son tour, ne peut manquer de souffrir de son défaut de prévoyance, et il est de notre devoir de prévenir ce résultat, dans l'intérêt des générations futures.

Or le seul moyen efficace, pour enrayer le mal, est l'acclimatation et la domestication des animaux sauvages qui peuvent devenir utiles à l'homme.

C'est ce qu'a parfaitement compris la Société impériale d'acclimatation, et c'est ce noble but qui a donné naissance à cette association.

J'ai désiré contribuer, pour ma faible part, à la réalisation de son vaste projet, en appelant l'attention sur les avantages que me paraît offrir la domestication de l'Autruche d'Afrique en Algérie.

DES AVANTAGES

QUE PRÉSENTERAIT EN ALGÉRIE

LA DOMESTICATION

DE

L'AUTRUCHE D'AFRIQUE.

PREMIÈRE PARTIE.

DES PRODUITS, DES MŒURS ET DES MALADIES DE L'AUTRUCHE.

CHAPITRE PREMIER.

Généralités, dimensions et poids.

L'Autruche, ce géant des oiseaux connu de toute antiquité, puisqu'il est représenté sur les plus anciens monuments de l'Égypte et qu'il en est fait mention dans les livres de l'Ancien Testament, me paraît menacé, dans un avenir plus ou moins rapproché, du sort du Dronte et de l'Épyornis.

Autrefois il était répandu dans toutes les plaines de l'Afrique, depuis la Méditerranée jusqu'au cap de Bonne-Espérance. Suivant le rapport de MM. Verreaux frères, habiles naturalistes demeurant à Paris, qui ont bien voulu me communiquer le résultat de leurs savantes explorations dans l'Afrique australe, il se rencontrait encore en 1808 à 5 ou 6 lieues du Cap ; et déjà en 1847 il avait disparu de cette latitude et n'habitait plus qu'à 150 lieues de la colonie, dans les déserts du centre. Autrefois son domicile s'étendait en Asie, depuis l'Arabie jusqu'au Gange ; actuellement on ne le rencontre plus que dans quelques parties de l'Arabie.

Et cependant cet animal est doué de qualités assez précieuses pour qu'on s'occupe sans trop tarder des moyens de le conserver et de le propager.

Buffon l'avait pressenti, lorsqu'il disait dans son style poétique (1) : « L'homme, qui sait le profit qu'il peut en tirer, les va chercher dans les retraites les plus sauvages ; il se nourrit de leurs œufs, de leur sang, de leur graisse, de leur chair ; il se pare de leurs plumes, il conserve peut-être l'espérance de les subjuguer tout à fait, de les mettre au nombre de ses esclaves. L'Autruche promet trop d'avantages à l'homme pour qu'elle puisse être en sûreté dans les déserts. »

C'est ce que je vais tâcher de mettre en évidence, grâce à la coopération de notre honorable président, M. Isidore Geoffroy Saint-Hilaire, de nos dignes collègues MM. Florent Prevost et Baudement, et en particulier de M. le général Daumas, dont les communications éclairées et bienveillantes ont contribué à faciliter mon travail (2).

Mais auparavant, et pour mieux faire ressortir le profit que l'on pourrait retirer des diverses parties de l'animal, je tiens à présenter le résultat de l'examen qu'il m'a été permis de faire d'une Autruche femelle, provenant de la province de Bône, en Algérie, et dont M. Dubourg avait fait hommage au Muséum d'histoire naturelle de Paris. Partie de Marseille le 18 décembre 1855, elle était arrivée à Paris le 21 du même mois, et était morte le 12 janvier 1856, succombant vraisemblablement à l'influence brusque d'une saison rigoureuse.

(1) *Histoire naturelle des oiseaux*, t. I, p. 440, in-4. Paris, 1770.

(2) Des observations précieuses d'anatomie m'ayant été en outre fournies par le savant micrographe M. le docteur Robin et par M. le docteur Dareste de Paris, je les ai insérées sous forme de notes à la suite du texte.

Poids de l'Autruche femelle morte le 12 janvier 1856, vérifiés par M. Poortmann, préparateur de zoologie au Muséum.

	kil.	kil.
Muscles du bassin, des cuisses, sus-épineux et long du cou.	19,383	
— intercostaux et interépineux.	890	
— pectoraux.	67	
	20,340	20,340
Cœur vide de sang, portion de l'aorte, et graisse adhérente.		800
Œsophage, estomacs, intestins (y compris 1 kilogramme environ de fiente)		4,800
Foie.		1,780
Organes de la génération, reins et graisse adhérente.		2, 35
Trachée-artère, poumons, diaphragme.		1,160
Graisse détachée de la peau, du croupion, des parois de l'abdomen et extra-abdominale.	20,757	
Graisse détachée du mésentère.	2,760	
	22,517	22,517
Le crâne avec le bec.	120	
Squelette de la colonne épinière, du thorax et du bassin avec la moelle épinière.	4,700	
Les deux humérus.	210	
Les radius, cubitus, carpes et phalanges des deux ailes.	100	
Les deux fémurs.	1, 80	
Les deux tibias et métatarses avec tendons.	3,380	
Les phalanges des deux pieds, y compris celles des ongles.	500	
	10,810	10,810
Moelle graisseuse des humérus.	20	
— des tibias.	280	
— des métatarses.	100	
	400	400
Cerveau et cervelet (d'après Vallisnieri) (1).		31
Yeux.		80
Peau et plumes.		5,320
Débris charnus et membranes.		260
Herbes et graviers siliceux contenus dans l'estomac.		650
Total.		70,983
Dont retranchant les matières fécales et celles contenues dans l'estomac, soit 1kil.650, reste.		69,333

(1) *Opere fisico-mediche*, tome I, page 239 et suivantes, 4 vol. in-fol. Venezia, 1733.

Sa hauteur, depuis le dos à la plante des pieds, était de 1m,32, la longueur du col de 1 mètre ; par conséquent sa hauteur totale était de 2m32. — La longueur du dos, depuis le bas du cou à l'extrémité des vertèbres caudales, de 1 mètre.— La largeur du tronc, dépouillé de sa peau et de ses muscles, était de 30 centimètres dans la région thoracique, de 23 centimètres dans la région iliaque, et de 20 centimètres seulement dans la région coxo-fémorale. — Ces dimensions représentent assez bien la grandeur moyenne de la femelle adulte.

Le mâle est plus grand, plus corsé, et atteint quelquefois la taille de 8 pieds (2m60).

Adanson en a même vu au Sénégal qui mesuraient jusqu'à 8 1/2 pieds, de la plante des pieds au sommet de la tête, et 7 1/2 du bout du bec au bout de la queue (1).

Une seconde Autruche femelle, qu'avait élevée M. Bondron depuis plusieurs années, et dont il avait fait don au Muséum en septembre 1855, avait été placée dans un enclos avec un vigoureux mâle d'Égypte,

En apparence elle se porta bien jusqu'au 23 février 1856.

Alors elle devint un peu triste ; le 26 elle refusa de manger; le 27 au matin elle fut cochée par le mâle ; bientôt après elle se coucha dans le pavillon, pour ne plus se relever, et mourut dans la nuit du 27 au 28.

Je la pesai morte et trouvai 76 kilogrammes pour le poids total.

Ses muscles détachés me donnèrent 32 kilog.

Sa graisse, d'un jaune rougeâtre, 8 kilog.

Son cerveau et cervelet, 40 grammes.

Cette Autruche était atteinte d'une maladie chronique, comme on le verra plus tard.

Les poids totaux que je viens d'accuser sont bien différents de ceux que signalent la plupart des auteurs. Vallisnieri (2) ne l'évaluait qu'à 75 ou 80 livres, soit 40 kilog., dont 25 livres appartenaient aux viscères.

(1) *Cours d'histoire naturelle*, publié par M. Payer, t. I, p. 362, 2 vol. in-8, Paris, 1845.

(2) *Opere fisico-mediche.*

Il est vraisemblable que ceux des écrivains qui ont suivi Vallisnieri (Buffon, Lacépède, Cuvier, etc.) n'ont fait que copier cet auteur; du moins Adanson, qui vivait à cette époque, nous en donne la clef lorsqu'il dit : « N'est-il pas étonnant.... que de 15 à 16 Autruches, dont on a fait la dissection dans notre pays, une seule ait été pesée : c'est celle de Vallisnieri; encore était-elle si maigre et si petite, qu'elle ne pesait que 60 à 75 livres, » et il ajoute : « au lieu que les grandes, que j'ai tuées au Sénégal, pesaient depuis 100 jusqu'à 125 livres (1). »

Toutefois ce dernier résultat est bien au-dessous de celui que j'ai obtenu, quoique dans l'un et l'autre cas l'animal ait été pesé après la mort. La différence serait bien autrement considérable, si l'on avait affaire à l'animal vivant, comme le prouve l'expérience suivante.

Une femelle de l'Algérie, de mêmes dimensions à peu près que la première, et qui se trouve actuellement à la ménagerie du Jardin des Plantes, ayant été pesée à son tour sur une balance à bascule, son poids total s'est élevé à 96 kilog. 200 gr. Ce fait a été également vérifié par M. Poortmann, présent au pesage. Or, comme elle était une des plus petites, il est vraisemblable que les autres auraient pesé davantage et que les mâles en particulier auraient donné au moins 105 à 110 kilogrammes.

Ce n'est qu'à l'âge de trois ans que les Autruches ont acquis tout leur poids, et les mâles ne quittent qu'à cinq ans la livrée de l'enfance.

On ignore la durée de leur vie; mais elle doit être assez prolongée, si l'on en juge par quelques faits non contestés.

(1) *Ouv. cit.*, t. I. p. 365.

CHAPITRE II.

Des muscles et des tendons.

Les parties charnues de l'Autruche (comme on a pu le remarquer dans le tableau) se trouvent principalement concentrées sur le bassin et sur les cuisses, car la poitrine et le dessous du ventre en sont presque complétement dépourvus.

Comparées au poids total du corps, elles sont dans une proportion plutôt faible, puisqu'elles en atteignent à peine le tiers.

La chair de l'Autruche sauvage est d'une belle couleur rouge un peu foncée ; celle des cuisses a des fibres musculaires très prononcées(1). Son odeur est franche et nullement désagréable.

Elle a servi de tous temps à la nourriture de l'homme.

Au dire de Strabon et de Diodore de Sicile, il y avait même des nations entières, du côté de l'Éthiopie, qui en faisaient leur aliment principal : d'où leur nom de *Struthiophages*.

Les Romains en mangeaient aussi, et elle paraît avoir été assez recherchée par eux pour qu'Apicius, leur fameux gastronome, ait cru devoir lui consacrer une recette de sauce piquante et aromatique (2), et qu'au rapport de Capitolinus, le

(1) Le tissu musculaire de la vie animale est remarquable par la netteté des stries qui caractérisent les faisceaux primitifs et par le volume considérable de ces derniers. En outre, ses faisceaux sont très immédiatement juxtaposés ; on y trouve peu de tissu cellulaire et une petite quantité de cellules adipeuses seulement. Ces cellules sont disposées en séries entre les faisceaux striés et point en lobes, comme dans le tissu graisseux sous-cutané ; elles sont en outre allongées et ne prennent pas une forme polyédrique par pression réciproque. Il résulte de ces faits que, sur un poids donné, ces muscles renferment une proportion plus considérable de substance musculaire nutritive que les muscles des mammifères ruminants, par exemple. CH. ROBIN.

(2) Voici la recette de cette sauce, copiée par Aldrovandus (*Ornithologia*, 1 vol. in-fol. ; Bononiæ, 1599) : « *Piper, mentam, cuminum assum, apii semen, dactylos vel caryotas, mel, acetum, passum, liquamen et oleum modice, et in acabo bulliant, amylo obligas, et sic partes Struthionis in lance perfundes et desuper piper asperges. Si autem condituram coquere volueris, alicam addes.* »

gourmand Firmius de Séleucie dévora en un jour une Autruche tout entière.

Au moyen âge, Léon dit l'Africain (1) et Marmol (2) citent plusieurs tribus de la Mauritanie qui en faisaient usage. Belon (3) nous apprend que les habitants de la Libye et de la Numidie en nourrissaient de privées, dont ils mangeaient la chair et vendaient les plumes.

D'autres voyageurs plus modernes affirment que cette viande est encore fort appréciée par divers peuples d'Afrique, surtout par les Arabes, qui s'en régalent lorsqu'ils vont à la chasse (4).

Toutefois les opinions ont varié sur la question de ses qualités culinaires et hygiéniques.

Quelques-uns, il est vrai en très petit nombre, la trouvaient de mauvais goût et malsaine. Marmol va jusqu'à dire, non-seulement qu'elle était fort dure, mais puante et visqueuse, particulièrement celle des jambes. Vallisnieri, sans en avoir mangé, partageait cette opinion. Galien (5) la regardait comme très indigeste. Avicenne (6) accusait cet aliment d'être aphrodisiaque.

Enfin les détracteurs de la chair d'Autruche, faute de preuves suffisantes, ont invoqué l'autorité de Moïse, qui aurait placé l'Autruche parmi les *animaux immondes* dont les Juifs devaient s'abstenir complétement (7). Cette assertion, qui peut être controversée (8), prouverait seulement que le législateur hébreu

(1) *Descriptions de l'Afrique, tierce partie du monde*, etc., etc. Traduction de l'italien par Jean Temporal, 2 vol. in-fol. Lyon, 1556.

(2) *Description de l'Afrique*, t. III, p. 11. Traduction française, 3 vol. in-4. Paris, 1667.

(3) *Portraits d'Oiseaux, etc., etc., d'Arabie et d'Égypte*. Paris, 1557.

(4) *Les Chevaux du Sahara*, par le général Daumas, p. 269, 1 vol. in-8. Paris, 1855.

(5) Περὶ τρόφων δύναμεως βίβλ. γ. κεφ. κ.

(6) *Liber canonis*, lib. II, tract. II, cap. DXXII.

(7) *Lévitique*, chap. XI, v. 16.— *Deutéronome*, chap. XIV, v. 15 (Bibles catholiques).

(8) Quoique la version de l'Ancien Testament des Septante et la traduction de Cahen adoptent l'interprétation du mot hébreu *Yaanna* ou *Benot*

avait considéré la viande de l'Autruche sauvage, surmenée par la chasse comme nuisible à la santé dans le climat brûlant de l'Arabie, de même qu'il avait défendu celle du Lièvre.

En revanche, le témoignage du plus grand nombre d'observateurs prouve que cette viande, loin d'avoir une odeur désagréable, loin d'être indigeste, est un aliment aussi sain que savoureux.

Le voyageur Jannequin en faisait le plus grand éloge (1) : « La viande de cet oyseau est si bonne, » dit-il, « que nous eussions quitté des Lièvres pour en manger, et si délicate à la vérité, que les nègres ne le poursuivent pas à la chasse pour ses plumes, mais bien aussi pour satisfaire leur goust par la délicatesse de sa chair, qui vaut certes bien la peyne qu'ils se donnent pour l'attrapper. »

Burchell (2), qui était tombé sur un vieux mâle couveur,

Yaanna, dans le sens de l'Autruche, le doute est d'autant plus permis, qu'en étudiant les passages qui s'y rapportent, on est porté à croire que cette dénomination est plutôt celle d'un oiseau de proie nocturne.

En effet, Moïse place le Yaanna dans la même catégorie que d'autres oiseaux carnassiers, et il est peu probable qu'il eût défendu, aux Juifs errant dans les déserts de l'Arabie, la viande d'un animal qu'ils pouvaient se procurer avec tant de facilité et d'avantages. — D'ailleurs après avoir consulté le savant M. Alfred Maury, sur cette question d'exégèse, j'ai pu m'assurer que les caractères assignés au Yaanna dans les livres d'Isaïe (chap. XIII, v. 21, et chap. XXXIV, v. 13), de Michée (chap. I, v. 8) et de Job (chap. XXX, v. 29) s'appliquaient bien moins à l'Autruche qu'à une espèce de Chouette ou de Hibou. Le cri de l'Autruche, en particulier, n'est point toujours plaintif comme on l'a affirmé ; la femelle a une espèce de gloussement, et le cri du mâle est un son creux diminutif du rugissement du lion (Pringle Thomas, *Narrative of a residence in South-Africa*, p. 178, 1 vol. in-8. London, 1835. — Backhouse, *A narrative of a visit to the Mauritius and South-Africa*). Mais l'argument le plus concluant m'a été signalé par M. Renan, orientaliste distingué. C'est que la seule description non équivoque des mœurs de l'Autruche que renferme l'Ancien Testament, se trouve dans ce même livre de Job (chap XXXIX, v. 16-21), et que le nom de cet oiseau y est consigné spécialement sous le nom de *Renana*.

(1) *Voyage de Libye au royaume du Sénégal*, etc., etc., p. 163, 1 vol. in-12. Paris, 1643.

(2) *Travels in the interior of Southern-Africa*, t. II, p. 351, 2 vol. in-4. London, 1822.

n'est pas aussi emphatique dans ses éloges; mais son appréciation est également juste. « Le poids et le volume d'une jambe d'Autruche, y compris la chair de la cuisse, sont vraiment surprenants, lorsqu'on considère que c'est celle d'un oiseau; elle constituait la charge d'un homme. La chair était d'une couleur foncée et ressemblait à du Bœuf; elle était extrêmement grossière et coriace, mais avait un assez bon goût. Quoique les Hottentots admissent qu'elle avait quelquefois une saveur désagréable, je ne pus, dans le cas actuel, distinguer aucun goût de ce genre. »

MM. Cuvier, Strauss-Durckheim, Emmanuel et Louis Rousseau, Florent Prevost, Lucas, etc., qui ont habité le Jardin des Plantes, en ont toujours mangé, lorsque la mort d'un de ces oiseaux de la ménagerie avait été accidentelle, et ils l'ont considéré comme un plat excellent, quel que fût le mode de préparation : rôtie, bouillie, frite, en fricandeau, en bœuf à la mode ou en pâté. Les uns l'ont comparée à de la viande de Bœuf, d'autres à du Veau rôti ou à de la chair de Dinde, avec un fumet agréable qui lui est propre.

MM. Verreaux frères en ont également fait usage au Cap, et m'ont affirmé qu'elle était très bonne, semblable à celle du Bœuf, et qu'un gigot rôti, en particulier, était un plat excellent.

Au reste, l'imagination a souvent influé sur le jugement qu'en ont porté les amateurs, et on pourrait citer des anecdotes curieuses arrivées à Paris qui prouvent le fait.

Il peut se faire qu'à l'état sauvage, et lorsque l'animal a été surmené par la chasse, cette viande passe très promptement à la décomposition dans un climat brûlant. Je conçois aussi que de vieilles Autruches puissent avoir une chair sèche et fibreuse, que son goût soit fade et sa couleur noirâtre; que Léon l'Africain (1) et Adanson (2) recommandent de manger surtout les jeunes, et le rabbin David Kimbi, les jeunes femelles (3); mais

(1) *Descriptions de l'Afrique*, etc.
(2) *Ouv. cit.*, p. 369.
(3) Gessner, *De avibus*, p. 741.

c'est le cas de la plupart des animaux de boucherie, et d'ailleurs la domestication ne peut manquer d'améliorer la nature de la viande.

Il est une autre application de cette chair dépouillée de graisse qui me parait avantageuse dans les pays chauds, et qui consiste à la sécher, soit au soleil, soit au four, après l'avoir coupée en tranches minces; puis à la concasser grossièrement et à la conserver ainsi à l'abri de l'humidité, mêlée avec du sel et du poivre. Cette poudre de viande, qui imite ce qu'on appelle le *Pimican* en Amérique, serait d'une grande ressource pour les voyageurs et pour les expéditions dans les lieux déserts. Elle tient en effet peu de place, est légère, de facile digestion, très nourrissante, n'a besoin d'aucun apprêt, d'aucune cuisson, et se conserve indéfiniment lorsqu'elle est bien sèche. Quatre cuillerées à soupe suffisent pour un repas. On pourrait aussi l'appliquer à la nourriture des Chevaux dans le désert, comme on dit que le font quelquefois les Arabes, avec de la viande de Chameau desséchée.

J'ai l'honneur d'en présenter un échantillon préparé avec les muscles de l'Autruche du Jardin des Plantes : 800 grammes de viande fraîche se sont trouvés réduits à 200 grammes par la dessiccation.

En résumé, l'Autruche, quoique ne pouvant être exploitée avec profit, uniquement comme viande de boucherie et dans un but commercial, offrira une ressource précieuse comme aliment sur place, lorsqu'elle sera domestiquée.

En partant du prix moyen de la viande de Mouton à Alger en 1855, savoir de 1 fr. 45 c. le kilogr., les 20 kil. 340 gr., ou les 32 kilogr. de viande d'Autruche, ne pourraient avoir une valeur moindre de 29 fr. 48 c., ou de 46 fr. 40 c.

Les *tendons* de l'Autruche, d'un tissu assez dense, fort élastiques et ne devenant point osseux comme ceux des Gallinacés, peuvent être utilisés, les longs et minces pour coudre les selles et raccommoder les objets confectionnés en cuir (*Chevaux du Sahara*, p. 271) ; les gros, pour en fabriquer de la colle forte de première qualité.

CHAPITRE III.

De la Graisse et de la Moelle.

La graisse, un des produits les plus remarquables de l'Autruche, se rencontre dans presque tous ses organes (1), les muscles exceptés. Surtout abondante sous la peau, vers le croupion et à la partie inférieure et intérieure du tronc, elle y est déposée par couches étendues et en masses considérables, dont quelques-unes atteignent l'épaisseur d'un décimètre. La plaque graisseuse des parois abdominales, ce qu'on nomme la *panne*, n'a pas moins de deux ou trois doigts d'épaisseur dans l'échantillon que je place sous les yeux de la Société. Dans l'intérieur de la cavité abdominale elle n'est pas moins abondante, et on la voit suivre toutes les ramifications de la veine porte, sur le mésentère, vers les ovaires et les reins. Le cœur lui-même en est recouvert; aussi ne faut-il pas s'étonner de voir Spigelius affirmer qu'il avait eu de la peine à le reconnaître sous cette couche de graisse (2).

L'Autruche que nous avons disséquée au Jardin des Plantes en a fourni presque le tiers de son poids total. (Voir le tableau.)

(1) Le tissu adipeux de l'Autruche est composé de cellules adipeuses sphériques, lorsqu'elles sont isolées les unes des autres, mais régulièrement polyédriques dans le tissu, lorsqu'elles sont juxtaposées. Elles ont 7 à 8 centièmes de millimètre de large, diamètre un peu plus petit que celui des cellules de même espèce prises dans la moelle des os.

Ces cellules adipeuses sont réunies en lobules séparés les uns des autres par de minces couches de tissu cellulaire, comme dans le tissu adipeux de tous les vertébrés; toutefois les lobules sont ici plus volumineux que dans la plupart des oiseaux.

Dans ces cloisons rampent les principaux capillaires, dont les dernières subdivisions s'enfoncent dans les lobules, entre les cellules adipeuses.

(Ch. Robin.)

(2) « *Et mihi certè ipsi superioribus annis obtigit, ut dum in theatro publico struthio-camelum dissecarem, cor tanta adipis quantitate obsitum invenirem, ut facile multis præsentibus fidem fecerit cor huic avi defuisse.* » (*De humani corporis fabrica*, p. 351, 1 vol. in-4. Francofurti, 1532.)

Buffon (1) en avait également trouvé une grande abondance sur les intestins, sur le ventre et entre les aponévroses des muscles du bas-ventre, où la couche avait une épaisseur de six doigts à deux pouces.

Lacépède et Cuvier confirment le fait (2). « L'Autruche, disent-ils, peut devenir excessivement grasse. Celle que nous avons disséquée avait deux ou trois doigts de graisse sur toutes les parties. »

Au reste, les Autruches sauvages ne présentent pas cette obésité dans toutes les saisons. MM. Verreaux m'ont fait observer qu'elles ne s'engraissent que dans la saison des pluies ou d'hiver, époque de l'année où elles trouvent une nourriture abondante dans les plaines de l'Afrique. Cette époque varie donc suivant qu'elles habitent au nord ou au sud de l'équateur.

Elles mangent peu dans la saison des amours et en été; lorsqu'elles émigrent dans les plaines désertes et sablonneuses, ne trouvant plus de pâture, elles se sustentent au moyen de la provision de graisse qu'elles ont faite (de la même manière que les animaux hibernants) et maigrissent insensiblement.

Lorsqu'elles couvent, elles sont aussi très maigres. (*Chevaux du Sahara*, p. 269.)

Cette graisse, au rapport de MM. Florent Prévost et Emmanuel Rousseau, rancirait difficilement, comme la moelle de bœuf ou la graisse de la bosse du chameau. Pour lui conserver cette qualité, ils recommandent de la fondre le plus promptement possible et à feu doux ; sans cette précaution, on risque que les matières étrangères putrescibles ne lui communiquent un mauvais goût (3).

M. Duroziez fils, pharmacien et chimiste distingué de Paris,

(1) *Histoire naturelle des Oiseaux*, t. I, p. 398. In-4, Paris, 1770.

(2) *La Ménagerie du Muséum national*, p. i. 1 vol. in-fol, Paris, 1801.

(3) Il résulte d'analyses faites par M. Berthelot, qu'elle offre la composition habituelle de la graisse des oiseaux, avec cette particularité, que l'oléine qu'elle renferme est d'une saponification très difficile. Ce fait est ordinaire dans l'oléine qui ne se trouve pas combinée naturellement avec des principes gras de facile décomposition par les alcalis, et que par conséquent on peut purifier plus parfaitement. (Ch. Robin.)

a bien voulu se charger de faire l'examen de la graisse d'Autruche que j'avais recueillie au Jardin des Plantes, et voici le résumé de la note qu'il avait rédigée :

« La panne d'Autruche qui m'a été remise est en couches très épaisses, recouvertes d'une membrane forte et résistante ; l'épaisseur de cette panne est en moyenne de 5 à 6 centimètres ; sa couleur est un peu jaunâtre ; son odeur se rapproche de la graisse d'oie fondue ; sa saveur a le caractère bien marqué des graisses d'animaux sauvages : elle est forte et peu agréable, si nous la comparons à la graisse du cochon et du bœuf domestiqués.

» Ma première et principale expérience, la plus simple, mais la plus importante, consistait à faire fondre cette panne et à obtenir de l'axonge, pour retirer comme dans le commerce deux produits. »

La graisse a donc été fondue avec soin et complétement ; puis l'ayant passée, il a desséché le tissu cellulaire, afin de se rendre compte de la proportion de l'axonge obtenue :

« Cette proportion est beaucoup plus forte que dans la préparation de l'axonge du porc, et la quantité des résidus obtenus est insignifiante, puisqu'elle n'atteint pas le vingtième du poids de la panne employée.

» La graisse ainsi obtenue est de consistance assez ferme, elle est grenue comme la moelle de bœuf fondue ; sa couleur varie de celle de la panne, elle est d'un gris sale, et sa saveur perd une partie de son âcreté.

» Le second produit que j'ai obtenu est de l'axonge d'Autruche préparée comme celle du porc pour les usages pharmaceutiques. C'est un lavage à l'eau froide de la panne coupée menu, qui entraîne le sang ; on rompt aussi les cellules qui sont encore entières, et après avoir laissé égoutter l'eau, on fait fondre la graisse et on la passe à travers un blanchet de laine.

» Le produit que j'ai obtenu est beau ; la graisse est blanche, de consistance ferme, son odeur plus faible que dans le produit précédent et sa saveur moins âcre encore.

» Je remets entre les mains de M. le docteur Gosse deux échantillons de ces axonges.

» La différence qui existe entre la graisse d'Autruche et la graisse de porc est très importante selon moi comme application.

» Cette axonge, comparée aux graisses employées pour la parfumerie et pour la pharmacie, me paraît réunir les meilleures conditions.

» La graisse d'Autruche, qui semble au premier abord contenir une proportion plus considérable d'oléine que les graisses de porc, de bœuf et de mouton, parce qu'elle laisse suinter à sa surface un peu d'oléine libre, ne diffère réellement de ces autres graisses, et surtout de celle du porc, que par une proportion un peu plus forte d'oléine, mais difficilement appréciable. Elle fond à environ 26° centigrades.

» En la saponifiant par la lessive de soude, dans les proportions employées pour la fabrication du savon animal, on obtient un savon solide, blanc, mais qui a plus d'odeur que celui fait avec de l'axonge de porc ; et pendant cette saponification, il se dégage une odeur forte et désagréable.

» Nous avons préparé avec notre axonge lavée plusieurs pommades médicinales qui se sont bien conservées. Nous avons chauffé un peu de cette axonge avec du benjoin, et nous avons obtenu, comme avec la graisse de porc, une graisse aromatisée et moins disposée à rancir, réunissant les mêmes conditions pour les usages de la parfumerie.

» Je serais donc amené à conclure que la graisse d'Autruche, provenant en général d'une panne beaucoup plus épaisse que la graisse de porc, serait d'un emploi plus avantageux, à prix égal, pour la préparation de l'axonge.

» Je crois sa saveur trop forte pour remplacer les autres graisses que nous employons dans notre cuisine, et pourtant on en fait beaucoup usage dans certains pays.

» Cette graisse pourrait remplacer l'axonge de porc dans toutes les préparations pharmaceutiques, ou pour tout autre usage où l'on ne développerait pas son odeur par la saponification, à moins que cette odeur ne nuise pas à l'emploi.

» Si donc jamais on met en France ou en Algérie une quantité de graisse d'Autruche assez considérable pour qu'elle puisse faire concurrence à la graisse de porc, pouvant servir aux mêmes usages, elle aura la même valeur.

» Quelques personnes ont cru pouvoir dire que cette graisse ne rancissait pas, ou du moins rancissait très difficilement. J'ai en ce moment devant moi un morceau de panne d'Autruche que j'ai conservé à l'air depuis un mois environ, et je me vois obligé de déclarer qu'il a commencé à rancir, et qu'il ne faudrait pas se hâter de promettre pour cette graisse une propriété tout exceptionnelle et complétement contraire aux autres graisses, avec lesquelles elle n'offre aucune différence importante comme composition. »

Il paraîtrait que le genre de nourriture modifie les défauts que M. Duroziez reproche à la graisse de l'Autruche sauvage; car MM. Florent Prévost, Emmanuel Rousseau, et M. Sénéchal, préparateur au Jardin des Plantes, se sont servis pendant longtemps de la graisse d'Autruches gardées longtemps en captivité, dans diverses préparations culinaires, pour faire des fritures, pour préparer des omelettes ou des ragoûts, et la comparent à du *beurre frais et fin.*

Les Arabes sont même très friands de la graisse d'Autruche sauvage pour la confection de leurs mets, pour préparer le kouskoussou, etc., etc.; ils la mangent également avec du pain.

Voici leur manière de la préparer, suivant Thévenot (1) :

« Quand les Arabes ont tué une Autruche, ils lui ouvrent la gorge, font une ligature au-dessous du tronc, et plusieurs d'entre eux la prenant ensuite par la tête et les pieds, la secouent et la ressassent en divers sens; ils lui font ensuite dégorger par le même trou jusqu'à 20 litres d'une substance mêlée de sang et de graisse, de la consistance de l'huile figée, qui s'appelle *mantèque*, et qu'on emploie dans le pays pour la préparation des mets et la guérison de différentes maladies. »

Toutefois, dans les pays chauds, cette graisse mélangée de sang, comme le ferait celle de tout autre animal, dérange facilement la digestion; aussi Thévenot ajoute-t-il que, quoique les habitants considèrent la mantèque comme un très bon manger, ils reconnaissent qu'un usage abusif peut déterminer le cours de ventre.

(1) *Relation de divers voyages curieux.* 2 vol. in-fol., Paris, 1696.

De nos jours, les Arabes du Sahara préparent cette graisse un peu différemment, d'après le Rapport fait au général Daumas (*Chevaux du Sahara*, p. 269). Après avoir écorché soigneusement l'animal, pour ne pas salir la peau, « les domestiques allument les feux, disposent les marmites, et font bouillir longtemps, à grand feu, toute la graisse de l'animal. Lorsqu'elle est devenue très liquide, on la verse dans une sorte d'outre formée avec la peau de la cuisse au pied, solidement attachée à sa partie inférieure; partout ailleurs elle se gâterait. La graisse d'une Autruche en bon état doit remplir ses deux jambes. Lorsque l'Autruche couve, elle est très maigre et sa graisse serait loin de remplir ses deux jambes. »

Dès les temps les plus anciens, la graisse d'Autruche jouait un grand rôle dans la matière médicale. Elle était fort estimée et fort chère chez les Romains. Ils l'employaient contre les rhumatismes, les tumeurs froides et la paralysie. Ettmüller la recommandait en frictions dans les cas d'engorgement de la rate et dans les douleurs néphrétiques.

Les Arabes l'appliquent aux mêmes maladies; ils en font un usage habituel, ainsi que du beurre frais, dans le traitement des plaies, surtout de celles qui s'accompagnent de contusions et de meurtrissures de la peau, et qui passent très vite à la gangrène dans les pays chauds.

M. Prisse d'Avennes a été souvent témoin de l'efficacité de ce traitement, lorsque des malheureux ayant été condamnés à recevoir 500 et même 1000 coups de *courbache* (lanière de peau de rhinocéros), sortaient de l'exécution le corps couvert de plaies profondes et près de succomber. Des femmes plongeaient le patient dans un bain d'eau froide, et immédiatement après le frottaient soigneusement avec de la graisse d'Autruche ou du beurre frais. Au bout de quelques jours le rétablissement était complet.

M. le général Daumas nous apprend, de son côté (1) : « Qu'elle sert de nourriture chez eux aux malades atteints de fièvre, en

(1) *Le grand Désert*, etc., p. 298. 1 vol. in-8, Paris, 1850. — *Chevaux du Sahara*, p. 270.

la mélangeant avec de la mie de pain, pour en faire une pâte, et en évitant toute boisson.

» Dans les maux de reins, les douleurs rhumatismales, on frictionne la partie souffrante jusqu'à ce qu'elle en soit pénétrée; puis le malade se couche dans le sable brûlant, la tête soigneusement couverte; une transpiration active s'établit, la guérison est parfaite. Sid el Hadj Mohamed, l'intelligent narrateur de l'*Itinéraire d'une caravane du Sahara dans le pays des Nègres*, en fit lui-même l'expérience. « En arrivant au milieu du campement, dit-il, j'avais eu l'imprudence de me découvrir, ayant chaud, et de m'étendre sur un mamelon pour y respirer à mon aise un peu d'air frais qui nous venait. Le *vent me frappa*, et je fus pris à l'instant même de douleurs si cruelles dans les reins et dans les genoux, qu'il me fallut m'appuyer sur un Nègre pour regagner ma tente. »

Chaggueun, aussitôt appelé, pratiqua le traitement que l'on vient d'indiquer, et deux heures après Sid el Hadj Mohamed n'avait plus qu'à réparer ses forces par un bon sommeil.

Dans les maladies du foie et dans les affections bilieuses, la graisse chauffée jusqu'à la rendre liquide comme de l'huile, puis un peu salée, est prise en potion. Elle produit des évacuations excessives, jusqu'à causer une maigreur extrême. « Le malade se débarrasse de tout ce qu'il avait de mauvais dans le corps, recouvre une santé de fer, et sa vue devient merveilleuse. » Mohamed ajoute, il est vrai, « cela, je ne l'ai pas vu par moi-même. »

Ces résultats sont sans doute fort intéressants; mais ce qui donnerait une supériorité à la graisse d'Autruche sur quelques autres graisses employées dans nos onguents et dans l'industrie, ce serait la faculté de se rancir difficilement. MM. Prévost et Rousseau croient l'avoir observé; M. Duroziez en doute, peut-être avec raison : l'expérience en décidera.

Quoi qu'il en soit, cette substance ne peut qu'être une excellente acquisition pour les pharmacies ou les hôpitaux, et même pour la parfumerie, lorsqu'on sera parvenu à détruire son odeur sauvage, et alors elle pourra devenir l'objet d'un commerce lucratif.

La moelle graisseuse (1) extraite des os des jambes, quoique supérieure à la graisse sous ce rapport, est trop peu abondante pour servir de but à la spéculation, et d'ailleurs, fondue, elle offre un déchet considérable.

Nous avons dit que le prix de la graisse d'Autruche était fort élevé du temps des anciens Romains. Ce prix n'a pas baissé de nos jours dans quelques localités, si l'on en juge par un article de M. Prax sur le *Commerce de l'Algérie avec la Mecque et le Soudan* (2), où il dit que cette graisse se vend à Ghdames ou Ghadames, dans l'intérieur du Sahara, 1 fr. 90 le 1 kilog. 1/4 (ce qui fait revenir le kilogramme à 1 fr. 52), et qu'à Tripoli, le kilogramme 1/4 vaut jusqu'à 17 fr. 25, soit 13 fr. 80 le kilogramme.

Ainsi, en comptant 10 pour 100 de déchet dans la fonte, la valeur des 20,285 grammes de la graisse fondue, recueillie au Jardin des Plantes (3), s'élèverait, à Ghdames à 38 fr. 14, et à Tripoli à 265 fr. 33.

D'après la relation du général Daumas (*Chevaux du Sahara*,

(1) La moelle du tibia offre la consistance du beurre ; elle a un peu plus de transparence, plus de mollesse et une teinte jaune moins mate que la moelle de bœuf. A l'exception des portions qui siégent dans le tissu spongieux des os, elle est peu vasculaire. Sa composition anatomique est la suivante : Dans le tissu spongieux des os elle se compose principalement : 1° de cellules adipeuses très grandes ; 2° des cellules propres qu'on trouve dans la moelle des os des mammifères et dites *médullocelles :* ces dernières sont moins abondantes que chez les mammifères, mais n'en diffèrent pas essentiellement, tant sous le rapport du volume que sous celui de la structure ; elles sont seulement un peu plus transparentes ; 3° enfin, on trouve avec ces cellules un peu de *matière amorphe* finement granuleuse.

Dans le canal médullaire du tibia, la moelle est presque exclusivement formée de cellules adipeuses. Ce n'est qu'au contact de l'os même que l'on trouve quelques rares *médullocelles.* (CH. ROBIN.)

(2) *Revue de l'Orient, de l'Algérie et des Colonies,* 2ᵉ série, tome V. Paris, 1847.

(3) Il ne faut pas perdre de vue que ce résultat, observé, il est vrai, à Paris, avait été obtenu en Algérie, puisque l'Autruche, sujet de cette observation, s'était engraissée à Bone. Mais un résultat identique avait été obtenu précédemment au Jardin des Plantes ; il est donc indépendant de la différence de climat, et l'engraissement facile et abondant de l'Autruche par la domestication me paraît mis hors de doute.

p. 270), elle se vend aussi sur les marchés du Sahara, et l'on en fait provision, dans les caravanes et dans les tentes de distinction, pour la donner aux pauvres comme remède : « Du reste, y est-il dit, elle n'est pas très chère, car on échange un pot de graisse d'Autruche contre trois pots de beurre seulement. » Le beurre valant à Alger 2 fr. 60 le kilogramme, la graisse d'Autruche vaudrait à ce taux 7 fr. 80 le kilogramme; mais à Bone, où le beurre ne vaut que 2 francs le kilogramme, elle n'y serait taxée qu'à 6 francs le kilogramme.

Il est évident que ces évaluations, faites, dans le moment actuel, sur les produits de l'animal à l'état sauvage, ne pourront se soutenir à cette hauteur, lorsqu'une exploitation domestique, pratiquée sur une vaste échelle, aura jeté dans le commerce une plus grande quantité de graisse. Toutefois il est certain, d'après le rapport de M. Duroziez, que la graisse d'Autruche pourra toujours soutenir une concurrence avantageuse avec la graisse de porc. Or, le prix de cette dernière varie en France de 2 fr. à 2 fr. 50 le kilogramme. Les 22 kilogrammes 1/2 de graisse brute que nous avons recueillie, représenteraient donc toujours au moins une somme de 45 francs, et les 20 kilogrammes 1/4 de graisse fondue, celle de 50 fr. 72 c.

CHAPITRE IV.

De la Ponte et des Œufs.

La question de la ponte et de l'incubation des œufs joue un grand rôle dans la vie de l'Autruche, car la saison des amours dure la plus grande partie de l'été; en Afrique et au Jardin des Plantes, le rut, qui commence en janvier, ne finit qu'en septembre. Les circonstances qui l'accompagnent ne peuvent donc manquer de nous offrir le plus grand intérêt. Malheureusement les lieux que choisit à cette époque l'Autruche pour son domicile sont tellement déserts, qu'il est difficile de vérifier tous les faits qui s'y rapportent; aussi les relations des voyageurs, des chasseurs ou des indigènes, sont-elles souvent peu concordantes.

Dans la crainte de fatiguer votre attention, messieurs, je me bornerai à vous en exposer brièvement les principaux résultats.

Les auteurs ne sont pas d'accord pour savoir si les Autruches sont monogames ou polygames.

Les uns, tels que Thévenot, Sparman, etc., assurent que les mâles n'ont qu'une femelle.

Le chasseur arabe qui a fourni des documents au général Daumas semble être du même avis; car il dit qu'on rencontre habituellement les Autruches voyageant par couples ou par réunion de quatre ou cinq couples, et que les amours de chaque couple sont respectés par les autres (*Chevaux du Sahara*, p. 277).

D'autres, tels que Thunberg (1) et Lichtenstein (2), s'ap-

(1) *Voyage au Japon par le cap de Bonne-Espérance.* Trad. française, 2 vol. in-4. Paris, 1796.

(2) *Reisen im südlichen Africa, in den Jahren* 1803, 1804, 1805 *und* 1806. Tome II, p. 41. 2 vol. in-8, Berlin, 1811.

puyant sur des faits différents, croient pouvoir admettre la polygamie.

Après avoir examiné le pour et le contre, on est disposé à adopter l'opinion de Le Vaillant (1), qui pense qu'elles s'associent par couples lorsque le nombre des mâles est égal à celui des femelles, mais que, par suite de la chasse aux plumes, les mâles diminuent plus rapidement que les femelles, et qu'alors on voit un mâle s'associer à plusieurs femelles, même jusqu'à six.

La même divergence d'opinions existe relativement à la ponte.

La plupart des observateurs sont d'avis qu'elle commence en juin dans l'Afrique septentrionale, et en décembre au sud de l'équateur; mais ces époques ne sont pas tellement fixes qu'elles ne puissent se prolonger bien au delà.

Le docteur Lichtenstein (*Ouvr. cit.*, t. II, p. 44) soutient, en particulier, non-seulement qu'il a trouvé le plus souvent des nids au Cap en juillet, août et septembre, mais qu'il en a rencontré dans toutes les saisons, et il attribue cette irrégularité à ce que les saisons y sont moins tranchées qu'en Europe. D'ailleurs, on conçoit que cela puisse avoir lieu, si, comme on l'assure, les Autruches réitèrent leurs couvées lorsque les premiers œufs ont été détruits accidentellement. Adanson même nous apprend qu'au Sénégal elles pondent normalement deux ou trois fois pendant la saison de la sécheresse, entre le mois de novembre et le mois de mai, douze à quinze œufs chaque fois (2). Il n'est donc pas extraordinaire qu'elle ait lieu parfois en novembre dans le nord de l'Afrique (*Chevaux du Sahara*, p. 272.)

L'apprivoisement, la captivité, et peut-être le genre de nourriture, semblent produire un effet analogue; car les Autruches du Jardin des plantes de Paris ont pondu même en janvier.

L'âge où ces oiseaux commencent à pondre n'est pas bien déterminé. Suivant MM. Verreaux, qui en ont élevé au Cap,

(1) *Voyage dans l'intérieur de l'Afrique.* 1er Voyage, t. I, p. 378, 2 vol. in-4, Paris, 1790, et 2e Voyage, Paris, an IV de la République.

(2) *Ouvr. cit.*, t. I, p. 365.

ce ne serait qu'à deux ans qu'elles deviendraient fécondes, et, suivant le rapport fait au général Daumas, elles pondraient quatre ou cinq petits œufs dès la fin de la première année.

On n'est pas davantage éclairé sur le nombre d'œufs que pond annuellement chaque femelle : les uns ne l'ont fixé qu'à douze ou dix-huit (Le Vaillant); d'autres à vingt-cinq, trente ou quarante (Daumas), à cinquante (Willugby) et jusqu'à quatre-vingts (Elien).

Le nid circulaire, qui a ordinairement de trois à six pieds de diamètre, est creusé dans le sable ou dans la terre, de manière que ses bords sont rehaussés et environnés d'une espèce de tranchée pour retenir les eaux. Les œufs, au dire de Lichtenstein (*Ouvr. cit.*, t. II, p. 41), y sont placés obliquement dans le contour, le petit bout en bas, de manière à tenir le moins de place possible. Backhouse (1) et Burchell, en confirmant ces détails, ajoutent qu'ils forment des cercles concentriques, et Thomas Pringle (2) rapporte que les œufs sont placés sur leur pointe, afin que l'oiseau puisse en couvrir le plus grand nombre.

Quoi qu'il en soit, ce nombre ne peut servir de base au calcul de la ponte, car on a reconnu que tantôt les nids n'appartiennent qu'à un seul couple, et que d'autres fois ils sont communs à plusieurs couples ou à plusieurs femelles (3). Dans ce dernier cas, il n'est pas extraordinaire qu'on puisse rencontrer

(1) *A Narrative of a Visit to the Mauritius and South Africa*, p. 452. 1 vol. in-8. London, 1844.

(2) *Narrative of a residence in South Africa*, p. 177. 1 vol. in-8, new edit., London, 1835.

(3) La relation du général Daumas (*Chevaux du Sahara*, p. 274) contient la description d'un de ces nids, fabriqué en commun, qui offre des particularités remarquables. « Il arrive souvent que plusieurs couples se réunissent pour pondre en commun ; alors ils forment une grande enceinte, et le couple le plus ancien pond au milieu, les autres se placent à l'entour, en disposition régulière. Ainsi, s'ils sont quatre, ils occupent les quatre angles du carré. La ponte achevée, les œufs sont poussés vers le centre, mais non mêlés, et lorsque le mâle le plus ancien vient couver, tous les autres prennent place à l'endroit où leurs œufs sont pondus ; de même pour les femelles.» Voyez aussi Thunberg (*Ouvr. cit.*, t. I, p. 252), et Barrow, voyageur anglais.

jusqu'à cent œufs dans un même nid, et d'autant mieux que, comme la saison des amours se prolonge plusieurs mois, les femelles peuvent y pondre successivement un assez grand nombre d'œufs. Le fait est que, dans la grappe d'un ovaire, chez la première femelle que j'ai eu l'occasion de disséquer au Jardin des Plantes, M. Poortman a compté cent neuf ovules plus ou moins développés, tandis que la grappe d'une poule n'en contient que quatre-vingts.

Le Vaillant, Lichtenstein (ouvr. cit., t. II, p. 43), Backhouse (*Ouvr. cit.*), Burchell (*Ouvr. cit.*, t. II, p. 20), Pringle (*Ouvr. cit.*, p. 177), Bougainville (1), et un auteur arabe (2), ont fait en outre, au sujet de la ponte, une observation intéressante : c'est que, indépendamment des œufs pondus au centre du nid, la femelle en dépose plus tard un certain nombre autour du nid ou dans les environs. Ces œufs, n'étant pas couvés, restent longtemps frais, et servent vraisemblablement de première nourriture aux petites Autruches nouvellement écloses, qui sans cela périraient de faim dans ces déserts stériles (3).

Les informations obtenues par le général Daumas, tout en confirmant le fait de conservation d'œufs non couvés, pour servir de nourriture première aux petites Autruches, le présentent d'une manière différente.

Ces œufs non couvés seraient placés au centre de chaque tas d'œufs, et, vers l'époque de l'éclosion, seraient percés par le mâle; ils seraient toujours liquides, et, quoique ouverts, se conserveraient longtemps sans se gâter. Il le faudrait ainsi, parce que les petits n'éclosant pas le même jour, le mâle ne casserait la coquille des œufs couvés que lorsqu'il entend le petit remuer.

M. Lucas, aide-naturaliste au Muséum d'histoire naturelle,

(1) *Voyage autour du monde*. In-4, Paris, 1771.

(2) Extrait de la *Grande histoire d'Eldemiré*, à la suite du *Poëme d'Oppien*, p. 164.

(3) Cette opinion est controversée par quelques auteurs, en ce sens que, suivant eux, les œufs cassés par les parents ne servent pas directement de nourriture aux petits, mais qu'ils attirent des myriades d'insectes et de mouches, et que ce sont ces insectes qui fournissent le premier aliment.

qui, de 1839 à 1847, a séjourné en Algérie, a également trouvé, à cinq ou six lieues de El-Aghouat, des œufs d'Autruche enterrés isolément dans le sable, à une profondeur de 7 centimètres. Ils étaient distribués à quelques mètres les uns des autres et n'étaient pas couvés. Aucun nid n'existait dans le voisinage. Il est possible que, comme la femelle ne pond ses œufs que successivement et pendant plusieurs jours, ils eussent été ainsi enterrés isolément jusqu'au moment où leur nombre fût suffisant pour former une couvée ; peut-être aussi ces œufs étaient-ils les premiers pondus, et par conséquent quelquefois non fécondés. Au reste, ce sont de simples hypothèses, auxquelles j'attache peu de valeur.

Les habitans savent fort bien mettre à profit les habitudes des Autruches pour se procurer des provisions d'œufs. D'après Le Vaillant (*Ouvr. cit.*), les habitants du midi de l'Afrique enlèvent les œufs avec une espèce de râteau, afin que la mère ne s'aperçoive pas qu'on y a touché, et s'ils renouvellent cet escamotage, ils peuvent ainsi lui faire pondre successivement jusqu'à cinquante œufs ; « car, dit-il, elle ne commence pas à couver avant d'avoir complété le nombre ordinaire. »

« Lorsque les colons trouvent un nid, dit aussi Lichtenstein, ils ont soin de se contenter d'un ou deux des œufs qui sont dispersés autour du nid et qui ne sont pas encore couvés. Ils effacent soigneusement avec une branche la trace de leurs pas, et peuvent faire ainsi du nid un magasin de provisions très avantageux, d'où ils peuvent tirer, tous les deux ou trois jours, autant d'œufs que cela est nécessaire pour le ménage. » (*Ouvr. cit.*, t. II, p. 44.)

La manière dont s'opère l'incubation est restée longtemps dans le vague.

La plupart des anciens auteurs soutenaient que les Autruches enfouissent leurs œufs dans le sable, et laissent entièrement au soleil le soin de les faire éclore.

Des observations plus récentes ont prouvé que, dans l'Afrique méridionale, vu la nature du climat, elles couvent ordinairement jour et nuit (Le Vaillant), mais que quelquefois elles les laissent exposés au soleil, dans les jours sereins (Lichtenstein, Backhouse, Pringle). Cela arrive plus souvent au nord de l'équateur, où le sol est plus sablonneux et plus sec, où les chaleurs sont excessives de jour et les nuits comparativement fraîches, s'accompagnant de rosées abondantes. Les Autruches, dans la saison sèche, peuvent bien les abandonner temporairement de jour, environnés d'un sable dont la température s'élève à midi à 140° Fahrenheit (60° c.) (1), mais ne cessent pas pour cela de les couver pendant la nuit. D'ailleurs, il paraît prouvé que, vers la saison des pluies, elles y couvent jour et nuit (*Chevaux du Sahara*, p. 272).

Au Sénégal, d'après Adanson (2), qui a fréquenté les lieux qu'habite l'Autruche, elle ne fait pas son nid au soleil, comme on le prétend, mais à couvert, sous les arbres isolés des plaines, et plus souvent à l'ombre des lisières de forêts; enfin elle les couve constamment les nuits et pendant le jour, toutes les fois seulement que l'air est au-dessous de la température de de 30° à 32°, ce qui arrive assez rarement dans ce pays pendant la saison de la ponte, quoique ce soit celle de l'hiver, ou la saison la moins chaude de l'année.

En général, le mâle et la femelle couvent alternativement lorsqu'elles sont par couples. Dans le cas contraire, les femelles paraissent s'associer pour couver tour à tour, pendant la journée, dans le même nid, et le mâle les remplace de nuit pour défendre en même temps sa progéniture contre l'attaque des animaux sauvages. Le Vaillant vit ainsi quatre familles associées pour couver dans un même nid qui contenait trente-huit œufs. Adanson nous informe qu'au Sénégal on croit dans le pays que ces œufs éclosent après dix-neuf ou vingt jours d'incubation, à peu près comme ceux de la poule, mais qu'il est probable que ce terme doit être prolongé de trois ou quatre jours, vu la grosseur énorme des œufs.

La durée ordinaire de l'incubation serait de trente-six à quarante jours dans l'Afrique méridionale, au dire de Lich-

(1) W. Peel, *A Ride through the Nubian Desert*, p. 33. 1 vol. in-8, London, 1852.

(2) *Ouvr. cit.*, t. I, p. 366.

tenstein et de Pringle ; de six semaines, d'après MM. Charles d'Orbigny et Lafresnaye (*Dictionn. univers. d'hist. nat.*, Paris, p. 368), et elle serait portée à quatre-vingt-dix nuits, suivant le rapport fait au général Daumas. Mais il est possible que ces données soient ou exagérées ou fausses, et s'il est permis de juger d'après la durée de l'incubation du Casoar à Paris, elle pourrait être fixée approximativement à soixante-cinq ou soixante-dix jours (1).

L'incubation artificielle peut-elle être tentée avec succès?

Les faits suivants répondent en partie à cette question.

Claude Jannequin (*Ouvr. cit.*, p. 162), qui admet que le soleil du Sénégal suffit pour faire éclore les œufs d'Autruche, étaye son opinion d'une anecdote dont il a été témoin :

« Un nègre, dit-il, m'ayant fait un présent de deux de ces œufs pour rapporter en France, je les mis dans mon coffre, enveloppés d'estoupes, de peur qu'ils ne se rompissent, et les ayant ainsi accomodés, je les laissay longtems sans les voir, quand, ouvrant la leiette de mon coffre où ils estoient, je fus fort estonné d'en trouver un d'iceux cassé, et ne sachant par quel moyen il le pouvoit estre, je le tiray dehors pour le jetter; mais voyant un petit Autruche remuer dans la grosse peau de cet œuf, qui n'estoit point encore ouverte, je l'ouvris avec un

(1) En général, la fixation de la durée d'incubation peut paraître encore un problème à résoudre, lorsqu'on réfléchit aux observations intéressantes faites par notre zélé collègue M. Saulnier, sur les Cygnes de la Nouvelle-Hollande. Il les élève dans sa campagne, près de Paris, en pleine liberté. La femelle pond en hiver cinq œufs, à deux jours de distance l'un de l'autre ; dès le premier jour le mâle et la femelle couvent alternativement, et cependant tous les petits éclosent le même jour. Le 31 décembre 1855 la ponte a commencé, ainsi que l'incubation ; vers le commencement de février 1856, le mâle a succombé à une hémorrhagie dans le péricarde, la plèvre, et dans le contour de l'estomac ; la femelle a seule continué l'incubation, et les petits sont tous éclos le 16 février 1856.

Se passerait-il quelque chose d'analogue chez les Autruches du Cap, si Lichtenstein a eu raison de dire (*Ouvr. cit.*, t. II, p. 41), en opposition avec Le Vaillant : « Elles commencent à couver dès qu'elles ont pondu dix à douze œufs » dans un nid qui doit en contenir trente ? C'est ce que la suite nous prouvera.

couteau pour luy donner l'air qu'il demandoit, et le remettant dans mon coffre, je le laissay vivre huict jours entiers, lui rompant des herbes que je lui mettois dans le bec tous les jours : ce qui en seroit arrivé à l'autre de même, si je ne l'eusse vidé afin d'en rapporter la coquille en France. »

Sans suspecter la véracité naïve du récit de Jannequin, il me paraît douteux que la température moyenne du Sénégal de 28° à 38° c. ait pu produire le résultat qu'il annonce, si déjà cet œuf n'eût été soumis à l'influence de la chaleur maternelle.

Malgré cela, les fruits de cette découverte accidentelle ne furent pas tout à fait perdus. La question continua de germer dans l'esprit de plusieurs savants français. Des essais furent entrepris; mais comme ils n'étaient posés que sur de simples données empiriques, ils échouèrent pour la plupart.

Au commencement du siècle dernier, Claude Perrault, le célèbre architecte du Louvre et en même temps un anatomiste distingué, s'en occupa. Voici comment il s'exprime à ce sujet (1) : « Une des Autruches, qui sont dans le parc de Versailles, ayant fait plusieurs œufs, on nous en apporta quelques-uns, sur lesquels on a fait des observations et des expériences; car, comme ces oiseaux ne couvent pas leurs œufs, mais qu'ils les exposent seulement aux rayons du soleil et à la chaleur du sable, se contentant de les garantir de l'eau de la pluye, en les posant sur de petits monceaux de sable, nous avons voulu essayer si par la chaleur, tant du soleil que du feu et du fumier, nous pourrions du moins leur procurer quelque altération, qui parût être une disposition à la génération. Pour cela, on en a tenu un pendant cinq semaines au soleil, à demi enseveli dans du sable, sur une couche de fumier, élevée à 3 pieds de terre, le couvrant d'une cloche de verre pendant le mauvais temps. On en a mis un autre dans un athanor (espèce d'étuve) à feu lent, le tenant aussi, par un pareil espace de temps, dans du sable et bien couvert.

» On a observé plusieurs choses, savoir : que les œufs sont diminués de leur poids jusqu'à la neuvième partie; que le jaune

(1) *Description anatomique de huit Autruches.* Voy. *Mémoires de l'Académie des sciences*, t. III, 2e partie, p. 138. Paris, édit. de 1733.

et le blanc de celui qui avoit été échauffé au feu, se sont quelque peu épaissis, sans avoir aucune mauvaise odeur ; que celui qui avoit été mis au soleil ne s'est point épaissi, mais a contracté une fort mauvaise odeur, et que, dans l'un ni dans l'autre de ces œufs, il ne s'est trouvé aucune apparence de disposition à la génération. »

Comme on le voit, Claude Perrault ne s'était point assuré de la fécondation des œufs soumis à son expérience, et ignorait la température artificielle requise pour remplacer la chaleur normale de la mère couveuse.

Buffon et Cuvier, qui réitérèrent plus tard des essais semblables avec des œufs également pondus à Versailles ou à Paris, ne réussirent pas mieux, et par les mêmes raisons (1).

En 1827, M. Ray, ancien négociant, aussi zélé qu'instruit et membre de notre Société, reprit ce travail, en ayant soin de se procurer des œufs pondus en Afrique et qu'il espérait être fécondés. Il fit venir d'Alexandrie onze œufs d'Autruche, et les plaça dans du sable très fin, sur le four d'une chaudière à vapeur, qui entretenait jour et nuit dans la chambre une température de 35° c. environ. Au bout de quarante jours de soins incessants, il ouvrit avec précaution un de ses œufs, et il le trouva dans un état de décomposition avancée. Un second lui présenta des traces très prononcées d'embryogénie, comme le serait un œuf de poule au huitième jour. L'épine dorsale était visible ; on apercevait aussi un point d'un noir assez intense, gros comme une cerise, et des fibrilles sanguinolentes parcouraient en tous sens le jaune. Il crut avoir réussi ; mais les autres œufs, quoique frais, ne présentèrent aucune apparence de développement de germe, et il abandonna l'entreprise.

La faible élévation de la température de sa couveuse artificielle suffit, comme on le verra plus tard, pour expliquer le résultat incomplet qu'il obtint dans un des cas, indépendamment de toute cause inhérente à la condition problématique des autres œufs soumis à l'expérience.

(1) Des essais, entrepris dans le Jardin zoologique d'Anvers, ont également échoué, avec des œufs pondus dans l'établissement.

Enfin M. le professeur Moquin-Tandon m'apprit qu'un M. Granal avait possédé à Mèze, près de Montpellier, un couple d'Autruches; qu'elles s'étaient accouplées, et que la femelle avait pondu un assez grand nombre d'œufs. Une partie furent mangés; d'autres furent remis à M. Moquin-Tandon, qui les examina et s'assura de leur fécondation (1).

Là-dessus M. Granal emprunta à MM. Delpech et Coste leur couveuse artificielle (2), et y plaça ses œufs. Une première expérience manqua : la température ayant été trop élevée, l'albumine des œufs se coagula; mais dans une seconde, où l'on abaissa un peu la température, *on parvint à faire éclore une jeune Autruche.*

Ainsi un résultat positif avait été obtenu, et la possibilité de l'incubation artificielle d'œufs fécondés, même dans le midi de la France, me paraît démontrée.

Malheureusement M. Moquin-Tandon n'a pu m'indiquer le degré auquel M. Granal avait porté la chaleur de son étuve, ni la durée totale de l'expérience.

A défaut de documents officiels sur ces points, j'ai cherché à y suppléer en constatant la température normale de l'Autruche, jusqu'ici ignorée.

J'ai choisi, à cet effet, la même femelle que j'avais pesée

(1) Voici les caractères apparents qui distinguent les œufs fécondés de ceux qui ne le sont pas. Chez les premiers on aperçoit, à la surface extérieure et supérieure du jaune, une tache arrondie, blanchâtre (cicatricule), dont le centre est occupé par une portion membraneuse transparente, d'une forme légèrement lenticulaire. Le bord présente une zone plus compacte et plus blanche, qui est limitée par deux cercles concentriques d'un blanc mat. Dans la portion intérieure transparente de la membrane, on observe en outre un corps blanc un peu allongé, disposé comme le rayon d'un cercle. Lorsqu'on enlève la membrane du jaune, la cicatricule s'en détache nettement, et on lui retrouve le même aspect qu'auparavant, mais plus distinct. — Chez les œufs non fécondés on n'aperçoit qu'une petite masse blanche, granuleuse, de forme irrégulière, entourée de quelques cercles d'un jaune pâle, peu distincts. Quand on enlève la membrane du jaune, la cicatricule présente un aspect réticulé, elle demeure adhérente à cette membrane et se brise en petits grains, si l'on essaie de la détacher.

(2) *Recherches sur la génération des Mammifères*, par MM. Delpech et Coste, 1 vol. in-fol. Paris, pl. I.

précédemment. A l'aide d'un excellent thermomètre à mercure que M. le professeur Becquerel avait bien voulu mettre à ma disposition, et que j'ai introduit dans le rectum, j'ai obtenu le chiffre de + 38° c., l'instrument étant stationnaire au bout de inq minutes, et la température extérieure marquant + 8° c.

Mais quoique cette température de + 38° c. fût bien celle de l'animal en dehors de l'incubation, il était probable que sa chaleur dût s'élever notablement pendant cet acte, puisqu'alors il est plus ou moins sous l'influence d'un état fébrile. Il y avait donc là encore une inconnue, qu'on n'avait pu jusqu'ici constater directement.

Pour remédier, autant que possible, à cette nouvelle difficulté, j'ai également pris la température du Casoar mâle, qui avait servi aux expériences de M. Florent Prevost sur l'incubation. La chaleur de cet oiseau s'est trouvée la même, de 38° c.

Immédiatement après, j'ai répété l'expérience sur une poule de Cochinchine de forte taille, et sa température ne s'est élevée qu'à 34° 1/2 c.

Ces diverses observations ont été faites en présence de M. Poortman et de M. Renier, faisandier de la Ménagerie, et vérifiées par eux.

D'autre part, M. Florent Prevost avait obtenu, en 1851 et 1852, le résultat suivant, chez les Casoars de la ménagerie qui s'étaient accouplés.

En 1851, la ponte de neuf œufs était terminée le 26 janvier, et le mâle avait commencé à couver le 1er mars. Le cinquième jour, la température sous le ventre était de 38° c.; le trente et unième jour, elle s'élevait à 41° c. L'éclosion de trois petits eut lieu le 10 mai.

En 1852, dans la seconde incubation d'avril en juin, on obtint 42° c. le quarantième jour; 44° à 45° c. le cinquante cinquième jour et 43° c. le soixantième jour, au soixante deuxième jour (8 juin), éclosion d'un petit Casoard.

Or, les températures initiales de l'Autruche et du Casoar étant identiques, je crois pouvoir appliquer jusqu'à un certain point à l'Autruche ce qui s'est passé dans l'incubation du Casoar; c'est-à-dire que dans les premiers jours de l'incubation artificielle des œufs d'Autruche, la température devrait rester stationnaire aux environs de 38° c. ; qu'à la fin du premier mois, il faudrait l'élever à 41° c. ; vers le milieu du second mois, à 42° c., et la porter plus tard jusqu'à 45° c. Quant à la durée de cette incubation, on pourrait la fixer entre le soixantième et le soixante-dixième jour.

Au reste, ces essais d'incubation artificielle mériteraient d'être répétés, car ils doivent servir de base à toute exploitation un peu sérieuse de ce genre qu'on voudrait entreprendre en Algérie. Ils seraient dignes d'occuper l'attention de notre Société, et sous son patronage acquéreraient plus de valeur et de portée (1).

Les œufs d'Autruche ont une forme arrondie et raccourcie, leur couleur est d'un blanc mat, légèrement jaunâtre. Suivant Bakhouse (*Op. cit.*) la surface des œufs de l'Autruche du Cap aurait une apparence ponctuée et émaillée, tandis que les œufs des Autruches du Nord de l'Afrique seraient lisses, et d'un blanc uni mat (*plain white*).

Leur volume est variable. Lorsque les femelles commencent à pondre, ou lorsqu'elles vieillissent, leur volume est ordinairement moindre. Le Muséum d'histoire naturelle de Paris en possède un qui n'a que 104 millimètres de longueur et 90 millimètres de largeur. Dans l'âge moyen, les dimensions de l'œuf sont ordinairement de 15 centimètres de longueur sur 12cm.,4mm. de large et sa capacité est d'une pinte (0lit.,93) de liquide. Buffon avait évalué le poids du blanc et du jaune à 2 ou 3 livres (1 kilogramme et demi). Lacépède et Cuvier, ayant pesé un œuf fraîchement pondu à la ménagerie de Paris évaluèrent son poids à 2 livres 14 onces (1 kilog. 15 gram).

M. Isidore Geoffroy Saint-Hilaire et MM. Verreaux estiment qu'un œuf d'Autruche équivaut en moyenne à 24 œufs de Poule. M. Ray, à 22 œufs de Poule. On en rencontre cependant au Cap de plus volumineux encore ; Kolbe en a vu qui répon-

(1) A l'appui de cette proposition, notre honorable collègue, M. Chagot aîné, vient de mettre à la disposition de la Société impériale zoologique d'acclimatation, une somme de mille francs destinée à faciliter ce genre d'expériences.

daient à 30 œufs de poule, et la coquille de celui qui existait dans le cabinet de l'Académie de Suède mesurait, au rapport de Sparman 6 pouces 1/2 (17 centimètres de longueur; il contenait 5 chopines 1/2 de liquide, mesure de France (2 litr. 50). « De plus de quinze cents œufs qui m'ont passé entre les mains, dit Adanson, pendant l'espace de six ans que j'ai demeuré au Sénégal, les plus grands que j'ai mesurés avaient 6 pouces 1/2 de longueur sur 5 pouces de diamètre, ou 18 pouces de circonférence, sur leur plus grand diamètre et 16 seulement sur le petit diamètre; ils contenaient 1 pinte 3/4 ou presque 2 pintes de liquide; leur poids total, pleins, était de 3 livres 8/4 à 4 livres, leur coque vide pesait seule presque 3/4 de livres. Chaque œuf pesait donc autant que trente ou quarante œufs ordinaires de Poules, aussi suffisait-il pour faire une omelette capable de rassasier dix personnes (1). »

La coquille est d'un tissu serré et comme crystallin (2), son épaisseur est de 2 à 3 millimètres, sa pesanteur de 500 grammes environ (3). Cette épaisseur et cette densité de la coquille paraissent exercer une influence remarquable sur la conservation à l'état frais de son contenu, car il est positif que les œufs enterrés isolément dans le sable et non couvés, que l'on suppose devoir servir à la nourriture des jeunes Autruches, se maintiennent très longtemps intacts. Un œuf que M. le général Daumas eut

(1) Ouvrage cité, t. I, p. 365.

(2) Cette coquille présente dans son épaisseur des espèces de cristaux irréguliers et comme fibrillaires, qui se dirigent d'une surface à l'autre et ressemblent à ceux du sucre de lait soumis à l'action de l'acide nitrique, ils s'y dissolvent complétement, et M. Moquin-Tandon, de l'Institut, pense que leur composition chimique doit être analogue à celle de l'œuf de poule. M. Dareste désirant s'assurer si les œufs d'Autruches, provenant du Sahara, contenaient de la silice, n'en a point rencontré, mais il a cru reconnaître que la surface externe était recouverte d'une membrane très mince, non soluble dans l'acide, et enduisant la coquille comme d'un vernis imperméable. M. Morin (Aug.), chimiste distingué de Genève, ayant répété l'expérience, n'a pas trouvé non plus de silice; mais la membrane externe, insoluble, lui a paru poreuse.

(3) Voir à la fin de ce chapitre, page 43, la note de M. Ch. Robin sur la *structure de la coquille*.

la complaisance de me remettre après l'avoir conservé depuis dix-huit mois sur sa cheminée, n'avait point encore passé à la fermentation putride, quoiqu'altéré dans son apparence normale. Cette faculté permet d'en faire des provisions, et l'expérience a prouvé que ces œufs d'Autruches se conservent beaucoup mieux à bord des bâtiments que les œufs de Poule, placés dans les mêmes condions; ces derniers ne tardent pas à se corrompre, lorsqu'on ne prend aucune précaution.

La solidité de la coquille a permis d'en fabriquer des vases, des tasses, etc., et déjà Pline parle de cette industrie comme introduite chez les Garamantes. Quelques indigènes du Cap s'en servent comme de bouteilles (Backhouse, *Op. cit.*, p. 445). Plus au Nord, les Bechuanas la découpent en rondelles, d'un 1/2 pouce de diamètre, qui percées d'un trou à leur centre, et enfilées, composent une ceinture ressemblant à de l'ivoire (Burchell, *Op. cit.*, t. I, p. 396). Chez les Musulmans, les coquilles entières sont suspendues, comme ornement, dans les mosquées, et on les décore de peintures, d'arabesques ou de sentences du Coran.

Le blanc de l'œuf d'Autruche paraît plus dense que celui de la Poule et le jaune plus huileux.

Les opinions sur les qualités culinaires de l'œuf d'Autruche ont varié, comme celles pour la viande.

Les uns en font le plus grand éloge : Lacépède et Cuvier rapportent qu'on en prépara deux au Jardin des Plantes et qu'on trouva leur goût préférable à celui des œufs de Poule.

M. Is. Geoffroy Saint-Hilaire les a trouvés excellents lorsqu'ils étaient frais. M. Dumérilfils, notre intelligent et véridique secrétaire, en a porté un jugement également favorable. M. Lucas en a mangé en Algérie et les considère comme très bons.

Comme nous l'avons fait observer, les indigènes de l'Afrique les apprécient beaucoup. Les Arabes en apportent fréquemment au Caire et dans les villes un peu considérables de la Haute-Égypte, où on les mange avec plaisir et où ils constituent un mets fort estimé. Les voyageurs anglais dans le Grand-Kourou près du Cap, disent que, lorsqu'ils sont frais, c'est un aliment que les gourmands ne dédaignent pas.

D'autres observateurs touvent que ces œufs sont d'une qualité plus grossière et plus compacte que ceux de Poule, qu'ils rassasient davantage.

Le docteur Lichtenstein était de cette opinion : « Le jaune, dit-il, est de très bon goût, cependant il faut avouer que, pour la finesse, il n'égale pas celui de l'œuf de Poule. Il est en même temps si nourrissant, rassasie tellement, que l'on ne peut en manger beaucoup à la fois. Il faut que quatre personnes aient bien faim, pour manger tout un œuf d'Autruche, et il faut que ce soient de vigoureux Africains habitués à ce régime grossier qui le fassent. » (*Op. cit.*, t. II, p. 44.)

M. le professeur Moquin-Tandon, qui en a mangé en omelette, les a trouvés aussi très rassasiants.

Le docteur Guyon se rapproche de cette manière de voir (1) lorsqu'il dit : « La ponte de l'Autruche se compose de dix à douze œufs au plus. Les Arabes sont très friands de ces œufs, dont un seul peut faire une omelette pour cinq ou six personnes, ainsi que nous nous en sommes plusieurs fois assuré dans notre voyage. L'œuf d'Autruche a quelque chose de plus animalisé que celui de Poule ou de Canard, il se rapproche, sous ce rapport, de celui de la Dinde, et nous en dirons autant à l'égard de ce dernier volatile. »

Adanson nous dit : « Les œufs se mangent aussi, j'en ai mangé cent fois au Sénégal, ils sont inférieurs à ceux de la Poule et préférés à ceux de l'Oie, auxquels on a tort de les comparer ordinairement (2). »

Enfin, MM. Verreaux, tout en reconnaissant que ce n'est pas un manger délicat, admettent que c'est un fort bon manger, et que la manière de les apprêter influe considérablement sur leur digestibilité. Un œuf, suivant eux, peut servir amplement de repas à trois hommes adultes.

Parmi leurs détracteurs absolus, nous ne trouvons que Galien (3) qui en condamne l'usage comme étant un aliment

(1) *Voyage d'Alger au Ziban*, en 1847, p. 217, 1 vol. in-8. Alger 1852.

(2) Ouvrage cité, t. I, p. 370.

(3) περι τροφων δυναμεως. Βιϐλ. γ. κεφ. κϐ.

nuisible, et Tacuinus qui les considère comme épais et indigestes (1).

On les prépare de diverses manières, mais le plus ordinairement en omelettes.

Les indigènes du Cap ont trouvé de toute antiquité un procédé pour cuire ces œufs, qui vaut au moins ceux de nos cuisiniers. Il consiste à pratiquer avec adresse un trou de la grosseur du doigt sur le petit bout. D'autre part, on coupe sur un buisson une petite branche en forme de fourche et on en introduit les deux cornes dans l'œuf, en les pressant l'une contre l'autre. Cela fait, on remue la tige entre les paumes des mains, comme pour faire mousser du chocolat, et en peu de temps le mélange du blanc et du jaune est parfait. Puis on place le gros bout sur les cendres chaudes, et on continue d'agiter de temps à autre le contenu de l'œuf qui bientôt est cuit à point et dont on relève le goût avec un peu de sel et de poivre. Cette méthode simple et facile se recommande naturellement aux voyageurs dans le désert (Burchell, *Op. cit.*, t. II, p. 21 ; Pringle, *Op. cit.*, p. 178).

Au Cap même, on les accommode en puddings, c'est-à-dire mélangés avec de la farine. Au rapport de Thumberg (*Op cit.*), on s'en sert avec avantage pour la pâtisserie, et on les apprête ordinairement en les brouillant avec beaucoup de beurre.

Les fins amateurs vantent les œufs ainsi brouillés, assaisonnés de truffes.

En résumé, il me paraît évident qu'on peut considérer les œufs d'Autruche comme une excellente acquisition alimentaire, qui peut être non seulement utilisée sur place, et restreindre, jusqu'à un certain point, l'importation assez considérable d'œufs de Poule qui a lieu chaque année en Algérie, de l'Espagne, des États sardes, des États barbaresques et d'autres pays (2) ; mais qui peut devenir un objet de commerce pour l'approvisionnement des bâtiments.

(1) Aldrovandus (*loc. cit.*) en citant ces opinions, ajoute : « *Si quis etiam vesci voluerit*, *vitellis tantum utatur*, *quos Aloysius Cadamustus et Brasavolus non insuaviter sese comedisse narrant.* »

(2) Voyez le *Tableau général du Commerce de la France avec ses colo-*

C'étaient bien les prévisions de l'historien du désert, lorsqu'il disait : « Il paraît que chaque femelle pond jusqu'à trente ou quarante œufs pendant une saison, et comme un œuf pèse ordinairement trois livres ou trente œufs de Poule, il s'ensuit que c'est l'équivalent de mille à douze cents œufs de Poule pendant l'année. *Ce serait là un bénéfice et une production considérables pour des éleveurs qui tenteraient ce genre d'industrie en Algérie* (*Le Grand Désert*, etc., p. 413). »

La cause des divergences d'opinion, sur leurs qualités palatables, dépend surtout, ce me semble, de la fraîcheur de ces œufs. Or, il est rare que des œufs recueillis dans les nids n'aient pas subi un commencement d'incubation ; il n'en serait pas de même, lorsque les Autruches pondraient en domesticité.

Quant à leur digestibilité, je ne puis qu'être de l'avis de MM. Verreaux. Le degré de cuisson, de coagulation et de division du blanc d'œuf, doit être pour beaucoup dans cet effet puisque l'albumine coagulée acquiert une densité assez considérable. L'omelette sautée à la casse doit donc être la plus indigeste, tandis que l'œuf mélangé avec de la farine, du lait ou de l'air (battu en neige) n'offre pas les mêmes inconvénients. M. Urbain, chef de bureau au département de l'Algérie, qui en a mangé en omelettes et brouillés, a fait la même observation.

Autrefois les chasseurs de l'Algérie se contentaient de manger les œufs d'Autruche ou de disposer des coquilles en faveur de leurs amis et des tombeaux consacrés ; depuis qu'ils savent qu'ils se vendent sur le littoral, ils en font le commerce. Actuellement leur prix est en hausse dans la colonie.

Le prix des œufs frais était en 1840, à El-Aghouat, de

nies et les puissances étrangères, art. ALGÉRIE. 1 vol. in-4. Paris, 1854.

Les 38,545 kilog. ou 656,265 œufs de poule (en comptant 17 œufs pour 1 kilog.), qui figurent dans le tableau de 1854, pour une valeur de 30,836 francs, seraient représentés par 27,344 œufs d'Autruche et par 568 femelles de cet oiseau, en admettant 24 œufs de poule pour un œuf d'Autruche et une ponte de 48 œufs par femelle. La rente annuelle d'une femelle adulte en Algérie, serait donc, au minimum, de plus de 54 francs, pour les œufs seulement, en supposant que le prix de ces œufs fût sur le même pied que celui des œufs de poule.

1 fr. 50 c. à 2 fr. la pièce, et à Alger de 3 fr. 50 c. En 1856, leur prix, à Alger, lorsqu'ils sont pleins, est communément de 5 francs la pièce (Daumas).

En 1809 : « Ces œufs qui se maintiennent longtemps frais, étaient souvent portés au Cap où on les vendait à 1/2 thaler la pièce (Lichtenstein). Vers 1840, au dire de MM. Verreaux, ils n'y avaient qu'une valeur insignifiante de 5 pences à 1 shilling la pièce.

A Paris, les coquilles blanches se vendent de 4 à 8 francs la pièce; celles qui sont ornées d'arabesques, de sentences, de cordons de soie, etc., etc. ont une valeur de fantaisie; en Algérie, elles vont de 7 à 20 francs, et à Paris, passage Jouffroy et boulevart des Italiens, elles sont taxées à 25 francs.

NOTE SUR LA STRUCTURE DE LA COQUILLE.

1° *Membrane coquillière.* — Elle offre la structure habituelle, qu'on retrouve à peu de chose près la même dans les œufs de Poules, de Palmipèdes, etc., et des Reptiles. Ici les fibres roides, fermes, élastiques, ramifiées, entrecroisées et anastomosées entre elles, qui la constituent, sont larges et à contours très nets. La membrane elle-même est épaisse, résistante, adhérente à la coquille proprement dite, de telle sorte qu'en la détachant, il en reste une couche fixée à la substance propre de la coquille.

2° *Substance du tissu coquillier.* — Sa structure, qui exigerait toute une description, ne pourra être qu'indiquée ici ; elle est des plus intéressantes. Immédiatement à la face externe de la membrane coquillière, se voit une couche de petits grains calcaires arrondis, larges de 3 à 5 centièmes de millimètre, formés de courtes aiguilles cristallines juxtaposées, s'irradiant autour d'un centre clair, circulaire. Celui-ci n'est autre que l'origine ou la terminaison (selon que l'on part de la face interne ou de la face externe de la coquille) des canaux qui vont être signalés.

Ces grains calcaires, d'abord écartés les uns des autres, deviennent contigus à mesure qu'on avance vers la partie compacte de la coquille Ils deviennent alors polyédriques par pression réciproque, et bientôt se confondent en une substance compacte, celle de la coquille proprement dite, qui, au microscope, offre les caractères suivants : Elle est parfaitement homogène, finement granuleuse, beaucoup moins transparente et plus fragile que la substance propre ou fondamentale des os interposée aux ostéoplastes. Elle est surtout remarquable par les canaux cylindriques, dont nous avons signalé l'origine, qui la traversent plus ou moins directement de part en part en s'élargissant notablement vers la surface externe de la coquille, où ils deviennent visibles à l'œil nu sous forme de petits pores. Outre ces canaux, on voit encore des conduits, ou lacunes, *transversaux* par rapport aux précédents conduits. Leur coupe est de forme peu régulière, souvent fusiforme. On peut constater, vers la face interne de la coquille, que ces lacunes transversales étroites sont dues à ce que les grains calcaires précédents, en se soudant, ont laissé de petits espaces par lesquels ils ne se sont pas touchés.

Les acides, en dissolvant les sels calcaires de la coquille, laissent une substance transparente, homogène, gélatiniforme, qui laisse voir encore ces divers conduits. Les préparations en coupes minces de la coquille sont des plus intéressantes sous le microscope. Aussi M. Bourgogne, préparateur de ces objets, les a-t-il fait entrer parmi ceux qui font partie de ses collections bien connues de tous les naturalistes. (Ch. Robin.)

CHAPITRE V.

Des Viscères.

Il ne vaudrait pas la peine de faire mention du cerveau de l'Autruche (1) sous le rapport économique, si l'extravagance de l'empereur Heliogabale, qui en fit apprêter 600 pour un repas (2), ne prouvait d'un côté la délicatesse du mets, de l'autre la destruction énorme qu'on fit de ces oiseaux à l'époque où les Romains devinrent les maîtres du Nord de l'Afrique.

Le cœur offre plus de ressources. Il est assez gros. Celui de

(1) Le cerveau de l'Autruche est, en général, construit, d'après le type cérébral des autres oiseaux. Claude Perrault en avait fait une description assez soignée pour le temps où il écrivait. Cependant, nous croyons devoir signaler deux faits qui s'y rapportent et qui ont une certaine importance.

Le premier, c'est que l'encéphale de l'Autruche présente, il est vrai, une protubérance annulaire rudimentaire, mais dont l'existence ne saurait être mise en doute : Elle est manifestée par des fibres dont la direction est perpendiculaire à celles des fibres de la moelle allongée, et qui se terminent à droite et à gauche dans les pédoncules du cervelet. Je ne sais si ce caractère est particulier à l'Autruche, ou s'il se retrouve dans les espèces voisines : En tout cas il mérite d'être signalé, car l'absence de la protubérance annulaire est indiquée partout comme l'un des caractères des vertébrés ovipares.

Le second est relatif à la non-existence des éminences mamillaires. On ne comprend guère comment ces éminences existeraient chez l'Autruche, puisque leur existence est liée à celle de la voûte à trois piliers, qui manque chez les oiseaux. Toutefois Duvernoy indique dans l'Autruche les éminences mamillaires. Comme il se borne à l'indiquer, sans les décrire, il est difficile de savoir ce qu'il a voulu désigner par là. J'ai trouvé sur le cerveau de l'Autruche que j'ai disséqué, deux petites éminences situées immédiatement derrière la bandelette des nerfs optiques et sur un cerveau de la galerie du Museum, j'ai avisé quatre éminences. Mais ces éminences étaient situées sur les pédoncules cérébraux et non sur le *tuber cinereum*. Il me paraît donc tout à fait impossible d'admettre que ces éminences soient les éminences mamillaires, DARESTE.

(2) Ælii Lampridii. *Vita Antonini Heliogabali* dans les *Scriptores Historiæ Romanæ latini veteres*, t. II, p. 344, 3 vol. in-fol. Heidelbergæ, 1743.

« *Sexcentorum struthionum capita una cœna multis mensis exhibuit* » *edenda cerebella.* »

l'Autruche que j'ai disséquée avait un diamètre transversal et longitudinal de 135 millimètres chacun, et une épaisseur de 70 millimètres ; il pesait 800 grammes, et n'était point une viande de rebut.

Le foie de la même Autruche mesurait transversalement 28 centimètres ; d'avant en arrière, 25 centimètres ; son épaisseur était en moyenne de 70 centimètres, et il pesait 1 kilog. 780 grammes. Son tissu fin et délicat est susceptible de devenir gras, aussi bien que celui des foies d'Oie et ses préparations pourraient acquérir une valeur commerciale. Adanson (1) fait en passant la remarque : que, « les auteurs qui ont refusé à cet animal, une vésicule du fiel se sont trompés, qu'il en a trouvé constamment une, et même une assez grande dans toutes celles qu'il a ouvertes au Sénégal. »

L'œsophage et le ventricule succenturié forment un canal de 1^{m},20 de longueur et d'un diamètre de 5 à 6 centimètres ; sa capacité moyenne est donc de 3 décimètres cubes. Desséchés, ils peuvent servir d'enveloppe à la graisse fondue ou à la viande desséchée et concassée.

Le gésier, composé de fibres musculaires rosées, fines et compactes, est un fort bon manger suivant Burchell (ouvr. cit., t. II, p. 351). « L'estomac, dit-il, est considéré comme le meilleur morceau de tout l'animal, parce qu'il est en même temps, tendre et délicat. »

Les intestins, dont la longueur atteint 16 mètres, et dont le diamètre moyen est de 35 millimètres, par conséquent d'une capacité d'un peu plus de 15 décimètres cubes, pourront peut-être aussi être utilisées, pour fabriquer des cordes à boyaux, et comme moyen de conserver la graisse fondue ou du beurre.

Le gros intestin ne peut pas servir à la charcuterie en raison de ses nombreuses valvules semi-lunaires, qui s'étendent alternativement et symétriquement de la grande à la petite courbure.

D'ailleurs ils pourraient plus tard acquérir une valeur commerciale, puisque nous voyons figurer dans l'exportation de l'Algérie en 1854, les boyaux frais ou salés, à destination de l'Espagne et de la Toscane pour une somme de 22,825 francs.

(1) *Ouv. cit.*, t. I p. 363.

CHAPITRE VI.

Des Os (1).

Nous avons vu que le squelette d'une Autruche de moyenne taille pesait frais 10 kilogrammes 810 grammes. Ce poids minime pour la grosseur de l'animal, tient à la légèreté des os du haut du corps, qui, à l'exception de ceux des ailes sont vides et communiquent avec le poumon. Les fémurs eux-mêmes sont remplis d'air ; mais les tibias, les métatarses et les phalanges contiennent une moelle peu abondante dont nous avons parlé précédemment.

Les premiers de ces os sont très cassants, les os des extrémités supérieures, quoique humectés par de la moelle, le sont aussi parce qu'ils sont fort minces. Aussi faut-il se garder de saisir violemment l'oiseau par les ailes, de crainte qu'un accident semblable ne puisse nuire à la croissance des plus belles plumes.

Les os des jambes sont également cassants et peu élastiques, surtout après la mort, et même il arrive quelquefois que, lorsque les Autruches sont renfermées entre des murs et qu'elles s'élancent brusquement contre les parois, on les a vu se fracturer les jambes (Verreaux). Il n'est pas exact de dire que ces

(1) *Sur la structure intime du tissu osseux.* — Elle ne diffère de celle des os des Vertébrés que par le nombre considérable et le rapprochement des cavités caractéristiques des os ou ostéoplastes. Ces cavités sont généralement étroites, mais remarquables par le grand nombre de canalicules ramifiés qui partent de leur périphérie et s'anastomosent entre eux. On ne peut, sous ces différents points de vue, leur comparer que la structure du *rocher* de l'os temporal des Mammifères.

En outre, ces os offrent des canalicules vasculaires, canaux médullaires très étroits, très écartés les uns des autres. (Ch. ROBIN.)

fractures ne sauraient se guérir ; mais, en général, on ne se donne pas la peine de les panser convenablement, et les habitudes de l'animal rendent très difficile le maintien des appareils contentifs.

Jusqu'à ce jour, on n'a fait aucun usage de ces os, mais on pourrait les appliquer à la fabrication d'un noir d'ivoire de qualité supérieure, vu la finesse de la substance osseuse. Le cylindre osseux des tibias et des métatarses, dont l'épaisseur est en moyenne de 5 millimètres, pourrait même être employé avec avantage pour des incrustations de marqueterie, car le tissu est non-seulement très fin, mais d'un beau blanc et comme éburné. On pourrait aussi en fabriquer de jolis instruments minces et allongés, tels que des repoussoirs, des couteaux à papier, etc., qui seront très appréciés en raison de leur dureté et du beau poli qu'ils sont susceptibles de prendre.

CHAPITRE VII.

De la Peau.

Les peaux d'Autruche, garnies de toutes leurs plumes, sans le cou, ni les pattes, desséchées ou salées, entrent dans le commerce sous le nom de *dépouilles*. Les belles dépouilles du mâle se vendent pour l'extraction des plumes de parure. Celles de la femelle, ou celles du mâle, qui ont été plus ou moins usées ou détériorées, servent parfois à fabriquer des tapis de pied. Il en arrive de Biskra à Constantine et à Bone, où on les tanne en conservant les plumes. Ces tapis, dont j'ai l'honneur de vous présenter un échantillon, ont en général $1^{m},40$ de longueur sur 80 centimètres de largeur. Ils se vendent à Alger pour le prix de 40 fr. environ, et sont allés jusqu'à 100 et 150 francs, mais on en a vu un à Paris, dont le prix s'est élevé à 600 francs.

Les anciens habitants de la Numidie en fabriquaient des justaucorps, servant de cuirasses contre les flèches ennemies. On les employait au même usage, vers la fin du siècle dernier, dans quelques parties du Sennaar, et l'on affirme qu'elles pouvaient être à l'épreuve de la balle, lorsque la couche de plume était épaisse.

Les chasseurs à l'affût s'en servent quelquefois pour s'approcher des Autruches sans les effaroucher.

La peau sans les plumes n'est point aussi épaisse qu'on la dit, si ce n'est dans les places qui correspondent aux cuisses, et surtout aux callosités ; partout ailleurs elle a tout au plus 1 à 1 millimètre et demi d'épaisseur ; en outre, l'implantation des tuyaux de plumes la rend inégale et couverte d'alvéoles protubérantes.

A l'exception de l'emploi que font les Arabes de la peau des cuisses pour conserver la graisse, et de celui qu'en font vraisemblablement les habitants de l'intérieur de l'Afrique pour confectionner les sacs de cuir qui servent au transport des plumes, à l'aide de caravanes, ce produit est donc tout à fait négligé. Néanmoins, je crois qu'une fois tanné, on pourrait lui trouver un emploi dans l'industrie. Il est même un temps où la chamoiserie s'en était emparée pour fabriquer des fonds d'éventail. La différence de teintes, produite par la moindre épaisseur de la peau vers le point d'inversion des plumes, constituait leur originalité.

Le chasseur arabe du général Daumas (*Chevaux du Sahara*, p. 271) nous apprend que les Chamba se servent de la peau de la plante des pieds de l'Autruche pour consolider leur chaussure. Ils en mettent un morceau sous la pointe, un autre sous le talon, et la semelle fait ainsi un très bon usage. Cela est facile à comprendre, car l'échantillon que je mets sous vos yeux mesure 23 centimètres de long sur 7 à 8 centimètres de large, et son épaisseur, y compris les papilles cornées très élastiques, qui en garnissent la surface inférieure, n'est pas moindre de 8 à 10 millimètres.

La peau écailleuse qui recouvre les métatarses pourrait être aussi utilisée comme gaîne d'instruments tranchants, de sabres courts, etc.

Enfin on pourrait tirer parti de la peau du cou, comme les Américains du Sud le font de la peau de *Nandou*, en en confectionnant de longues blagues pour renfermer les provisions.

CHAPITRE VIII.

Des Plumes.

Quoique le commerce des plumes d'Autruche se rattache à une industrie de luxe, à une question de mode, on ne peut méconnaître l'importance qu'il acquiert dans l'état actuel des choses, en particulier lorsqu'on réfléchit que la mode qui a fait de ces plumes une parure de prix, dure depuis près de quatre mille ans. Le front des Pharaons, parmi les plus anciennes dynasties de l'Égypte, en était, en effet orné et de nos jours elle jouit de la même faveur chez les classes privilégiées de l'Europe.

Et ce ne sont pas les nations civilisées seules qui apprécient la valeur des plumes d'Autruche, la plupart des voyageurs nous informent qu'elles sont l'ornement favori des peuples sauvages de l'intérieur de l'Afrique. Ils ne se contentent pas d'en garnir leurs coiffures, mais ils fabriquent avec les grandes plumes blanches des *parasols d'une élégance remarquable*, et avec les plumes noires, des espèces de bâtons emplumés qui servent aux chasseurs de moyen efficace pour se soustraire à la fureur des animaux féroces. (Burchell, *Op. cit.*, t. II, p. 579.) « De cette manière, » dit cet auteur, « un de nos Hottentots échappa à un Rhinocéros furieux. »

Au Congo, ces plumes, mêlées avec celles du Paon, sont employées pour faire des enseignes de guerre.

D'autre part, la France est le pays de l'Europe qui porte le plus de goût dans cette industrie de luxe, ou qui en tire le meilleur parti, lorsque les matières premières sont à sa disposition. Et cependant cette France, maîtresse d'une portion du territoire natal des Autruches, est devenue à cet égard tributaire d'autres États, moins bien placés qu'elle, et son industrie plumassière se trouve souvent à la merci de quelques négociants qui exercent sur ce commerce un monopole de fait, sinon de droit.

Pour mieux faire comprendre à quel point il importe de changer cette situation, je me suis vu forcé d'entrer dans quelques détails de pratique, un peu arides, pour lesquels j'implore votre indulgence, en faveur du but que je me propose.

Quant aux valeurs que j'ai assignées à telle ou telle qualité de plumes, elles doivent être aussi approximatives que possible, car les documents m'en ont été fournis par des autorités compétentes en pareille matière. Pour cela il me suffit de vous citer les noms de MM. Chagot aîné, Ray, Verreaux, Notré et Gresy.

Le col et les côtés de la tête sont munis d'une espèce de plumes ayant l'apparence de poils courts et clair-semés. Il est fort douteux qu'ils puissent être utilisés, et c'est sans doute par erreur que le compte rendu des douanes françaises a inscrit les poils d'Autruche au nombre des objets importés en 1855 ; ou plutôt il est vraisemblable que, dans le commerce, on a donné abusivement le nom de *poils* à ce qu'on appelle le *duvet*, soit les barbes détachées du tuyau, dont les fines s'emploient pour orner les chapeaux dits *caudebecs*, et dont les grosses se filent et servent à faire les lisières des draps noirs les plus fins.

Les plumes d'Autruche qui entrent spécialement dans le commerce sont celles des ailes, de la queue, du dos, de l'épaule, de l'aisselle, de la poitrine et de la croupe. Elles possèdent toutes des qualités qui leur sont propres et qui ne se retrouvent dans aucune autre espèce d'oiseaux. Quoique élastiques et fermes, elles sont souples et ondoyantes, recoquillées et arrondies à leur extrémité, et leurs barbes ou barbules, plus ou moins longues, plus ou moins soyeuses et fournies, ne s'accrochent jamais les unes aux autres (1).

(1) *Note sur les plumes et les poils d'Autruche*, par M. Ch. Robin. Le type général de leur structure est celui qu'on observe sur les plumes des oiseaux nocturnes ; mais cependant on constate des différences notables

Claude Perrault, qui déjà avait fait ressortir cette qualité spéciale des plumes d'Autruche, et en avait expliqué le mécanisme, à l'aide d'observations microscopiques assez exactes, ajoutait : « On remarque encore une autre qualité dans les plumes des ailes de l'Autruche qui leur est particulière ; car les grandes plumes des ailes des autres oiseaux ont toujours un côté plus large que l'autre, mais celles de l'Autruche ont le tuyau justement au milieu de la plume. Il y a sujet de croire que cette égalité est le fondement du hiéroglyphe des Égyptiens qui représentent la justice par une plume d'Autruche.» (*Mémoires de l'Académie des sciences*, t. III, 2e partie.)

Ce sont ces diverses propriétés remarquables, jointes aux dimensions considérables que peuvent acquérir quelques-unes des plumes, qui leur assurent le privilége exclusif dont elles jouissent, sans les soustraire aux caprices de la mode.

Chez le mâle qui a atteint l'âge de cinq ans, les pennes des ailes, au nombre de 25 à 30 environ de chaque côté (de 36 suivant Adamson), sont les plus longues et les plus élégantes ; et

dans la grandeur et la forme des barbes et des barbules, indépendamment de celle des tiges.

Les barbules qui garnissent les barbes sont minces, aplaties, remarquables par leur largeur et plus encore par leur longueur considérable. Elles sont formées de cellules allongées, aplaties, soudées bout à bout, et dont les lignes de soudure sont encore reconnaissables sur un certain nombre d'entre elles. Ces cellules montrent encore, pour la plupart, un noyau central ovoïde, pâle, non granuleux et sans nucléole ; c'est surtout dans les cellules du bout des barbules que se voit ce noyau. Les barbules de ces plumes, au lieu d'offrir chacune un ou plusieurs crochets pour chaque cellule qui les constitue, comme chez la plupart des autres oiseaux, en sont dépourvues. Aussi n'étant pas retenues adhérentes les unes aux autres par les crochets, elles se séparent facilement, ce qui, joint à leur flexibilité, donne aux plumes une grande mollesse. Les dernières cellules seulement de chaque barbule portent chacune les rudiments d'un ou deux crochets qui se présentent sous forme de petites pointes effilées, généralement courtes, droites et jamais recourbées, lors même qu'elles atteignent une certaine longueur. Aussi ces rudiments d'organes bien développés dans les plumes des autres oiseaux ne remplissent-ils aucun usage.

Quant aux poils d'Autruche, ce sont de petites plumes dont la tige porte à sa base des barbes *bibarbulées* comme les autres plumes ; seulement, dans ces deux rangées de barbules, celles-ci sont courtes, peu aplaties, termi-

elles sont d'autant plus appréciées qu'elles sont abritées de l'usure. Leur couleur est d'un blanc plus ou moins pur, ce qui permet de les soumettre aux teintures les plus variées et les plus délicates.

Les plumes de la queue (bouts-de-queue), au nombre de 50 à 60 (de 72 suivant Adamson), sont plus courtes, quelquefois plus roides et moins onduleuses. Elles sont également blanches, mais ordinairement teintées ou salies par l'urine.

Les plumes du dos et de l'épaule, plus ramassées, plus courtes, moins souples, garnissent la partie antérieure du dos et le dessus des ailes. Elles sont en général d'un beau noir et d'un aspect lustré.

Les plumes de la poitrine et de la croupe varient quant aux dimensions, mais sont également noires et lustrées.

La plupart des plumes noires ordinaires sont replongées dans une teinture noire, pour rendre leur couleur plus franche.

On rencontre quelquefois sur l'épaule du mâle des plumes

nées généralement en pointe, et dépourvues de crochets ou de leurs rudiments signalés dans les plumes proprement dites. A mesure qu'on s'éloigne de la base de la plume, les barbules sur chaque barbe deviennent plus courtes, plus aiguës, plus immédiatement appliquées contre la barbe de la plume; c'est surtout sur la rangée interne de barbules que celles-ci sont courtes. Bientôt les barbules de la rangée interne disparaissent complétement dans une partie ou dans toute la longueur de la barbe de plume, en sorte que certaines barbes sont seulement *unibarbulées*. Puis enfin les barbules manquent complétement sur les dernières barbes, ce qui fait que celles-ci ressemblent à des poils qui se terminent graduellement en pointe.

La tige elle-même, en s'amincissant, se prolonge beaucoup au delà des dernières barbes, sans plus en présenter aucune; elle simule alors un poil plus ou moins long et plus ou moins roide, suivant son volume. Cette tige *piliforme* s'amincit peu à peu, mais se termine ensuite assez brusquement en pointe mousse, arrondie. Toutefois il faut noter qu'avant de se terminer près du bout, cette tige *piliforme* présente subitement cinq ou six barbes microscopiques, se détachant presque au même niveau, de manière à former ensemble un petit bouquet terminal que la loupe ou le microscope font seuls apercevoir le plus souvent. Quelques-unes de ces barbes microscopiques montrent même de rares rudiments de barbules sous forme de pointes courtes, appliquées et redressées contre la barbe. Ordinairement, lorsque la tige piliforme est blanche, elle se charge d'une certaine quantité de pigment brunâtre près de sa terminaison.

mélangées de blanc et de noir, qui s'appellent *bayôques*. Elles sont souples, mais sans grâce, n'ont de prix que par leur rareté, et c'est une raison pour que la mode s'en empare et les fasse valoir.

Enfin on trouve sous l'aisselle de l'oiseau une espèce de plume toute particulière, blanche chez le mâle, grise chez la femelle, à laquelle on a donné le nom d'*espadon*, à cause de la similitude avec l'arme du poisson de ce nom. Cette plume étroite, velue et gracieuse, est très rare, parce que son apparence à l'état brut ne la fait pas recueillir.

Chez la femelle et le jeune mâle de deux à cinq ans, les plumes des ailes et de la queue, de moindres dimensions que celles du mâle adulte, sont d'un blanc sale, terne ou grisâtre ; elles se blanchissent plus difficilement et prennent aussi plus difficilement les couleurs délicates. — Les plumes du dos, de l'épaule, du poitrail et du ventre, sont brunâtres ou d'un blanc brunâtre, leur aspect est terne et elles ne peuvent être employées que teintes en noir. De là l'infériorité de leur valeur dans le commerce. Les plumes de la femelle sont particulièrement plus mattes, plus molles (velues) et moins gracieuses (1). Les plumes noirâtres du jeune mâle commencent à paraître dès la seconde année, mais isolément, à mesure que les vieilles tombent, ce qui lui donne une apparence bigarrée.

Enfin, on rencontre dans l'intérieur de l'Afrique une variété d'Autruches dont les plumes sont presque entièrement noires (2), et il ne serait pas impossible qu'on aperçût exceptionnellement des Autruches blanches, comme il arrive pour le

(1) Le docteur Lichtenstein me paraît avoir confondu le plumage de la femelle avec la variété noire dont il est question un peu plus bas, lorsqu'il dit (*Op. cit.*, t. II, p. 44) : « La femelle est toute noire, ou dans le jeune » âge d'un gris foncé, et elle a de petites plumes blanches dans la queue. » Mais lorsqu'on ne regarde pas la couleur, les plumes de la queue sont » aussi grandes et aussi belles que celles du mâle. » Tous les zoologistes, en effet, s'accordent sur ce point, c'est que la femelle adulte de l'espèce ordinaire est d'un gris brunâtre, plus ou moins foncé, et qu'elle n'a jamais de plumes noires comme le mâle.

(2) James Richardson, *Narrative of a Mission to Central Africa*, performed in the Year 1850-1851, t. I, p. 150. 2 vol. in-8, London, 1853.

Nandou d'Amérique. Dans tous les cas, la domestication pourrait favoriser ce genre d'albinisme.

Les tuyaux des pennes des ailes sont assez gros et assez fermes pour avoir servi de plumes à écrire, comme succédanés de plumes d'oie (1).

Les plumes d'Autruche arrivent en Europe de divers points de l'Afrique et de l'Arabie, et y sont classées suivant leurs provenances et suivant les qualités qu'elles possèdent.

Voici un aperçu des différentes catégories admises dans le commerce (2) :

1° *Plumes dites d'Alep.* — Proviennent de la haute Égypte (3) et d'une race d'Autruches remarquable par sa taille et sa force. De là elles sont toutes transportées à Alep, d'où les négociants israélites les expédient à leurs coreligionnaires de Livourne et de Marseille.

La plume d'Alep est classée au premier rang dans le commerce, par sa douceur et la légèreté de ses barbules.

Les bouts-de-queue sont ordinairement d'une couleur

(1) James Richardson, *Travel in the Great Desert of Sahara*, t. II, p. 178. 2 vol in-8, London, 1848.

(2) Notre collègue, M. Chagot aîné, a fait hommage à la Société d'acclimatation d'un choix de ces diverses qualités de plumes, dûment classées et étiquetées.

(3) En 1798, ces plumes étaient importées en Égypte, enveloppées dans des sacs de cuir, par les caravanes du Darfour et du Sennaar, et elles se vendaient au poids. Les deux caravanes du Darfour en apportaient annuellement à Siout de 20 à 30 cantars (le cantar équivalant à 48$^{kil.}$,125). Les caravanes du Sennaar, arrivant à Esne plusieurs fois l'année, apportaient 8 à 10 cantars, soit de 6 à 9 quintaux de plumes. (Voyez le Mémoire de M. Girard, *sur l'agriculture, l'industrie et le commerce de l'Égypte*, dans la *Description de l'Égypte*, Paris, 1829. t. XVII, p. 284. — Voyez aussi le Mémoire de Lapanouse, *sur les caravanes venant du royaume du Sennaar*, dans les *Mémoires sur l'Égypte*, Paris, an XI, t. IV, p. 77.) Ce commerce était alors entre les mains de négociants francs et israélites.

Depuis l'époque de l'occupation, les caravanes du Darfour avaient été interrompues jusqu'à une époque récente sous le gouvernement de Mehemet-Ali.

Le Cordofan en exporte aussi de nos jours, mais cette exportation est très restreinte et n'intéresse que quelques marchands nubiens. (Voyez le *Désert et le Sahara*, par M. d'Estayrac de Lauture, p. 572. 1 vol. in-8, Paris, 1853.)

orangée, mais redeviennent très blancs. Ils jouissent souvent d'une grande faveur.

2° *Plumes dites Bengazy*. — Proviennent de la régence de Tripoli, vraisemblablement des oasis de Sockna, Houn et Ouadan, et sont apportées à Bengazy, sur la côte, par les caravanes qui partent tous les deux ans de Wadaï, rendez-vous important de commerce dans l'Afrique centrale (1). Elles arrivent en France par Alep et Livourne, et par les mêmes mains que celles d'Alep. Elles sont plus belles peut-être que les précédentes, comme qualité du duvet; mais leur sont inférieures, quant à la souplesse et à la grâce. Toutefois elles se rapprochent assez de la plume d'Alep, pour être mises sur le même pied et avoir une grande valeur.

3° *Plumes dites de Barbarie*. — Proviennent surtout du Sahara et du Soudan; elles sont transportées par des caravanes à Mogador, dans le Maroc, et monopolisées par des Israélites, puis adressées aux maisons israélites de Livourne et de Marseille. La partie méridionale du désert en fournit plus que le nord, et cela en échange de produits manufacturés. Les plus belles viennent des environs de Wedinoon et du cap Bojador, et sont recueillies sur des Autruches de très grande taille (2).

Elles sont inférieures aux Bengazy parce que le duvet en est plus sec et plus dur. Cependant elles ont une qualité toute particulière, en ce que, à la teinture, elles prennent les plus belles couleurs. Elles produisent peu de blanc, quoique, en apparence, elles paraissent en donner davantage que les précédentes qualités, et en effet les plumes de la queue sont noires, au dire de Jackson, qui a résidé seize ans dans le pays. (*Op. cit.*, p. 113.)

4° *Plumes dites du Cap*. — Proviennent de l'intérieur de l'Afrique méridionale, d'une race d'Autruches dont la taille est peut-être la plus forte de toutes. Elles arrivent exclusivement par voie d'Angleterre, et, depuis 1837, sont en partie entre les mains de négociants israélites : ce sont les plus larges

(1) James Richardson, *Narrative of a Mission to Central Africa*, t. II, p. 9.

(2) Jackson, *An Account of the Empire of Marocco, and the Districts of Suse and Tafilett*, 2ᵉ édit., p. 114. 1 vol. in-4, London, 1811.

et les plus longues plumes du commerce, mais aussi elles sont moins flexibles. M. Jules Verreaux m'a assuré en avoir vu une qui mesurait plus de 2 pieds (plus de 65 cent.) en longueur, sur 7 pouces (19 cent.) de large ; elle était cependant molle, élastique, et son extrémité se ployait comme un saule pleureur.

Suivant M. Ray, elles tiennentt leur rang après celles de Barbarie ; suivant M. Verreaux, elles vont après celles d'Alep.

On désigne aussi sous le nom d'*Agobay* une variété de plumes du Cap, qui est moins blanche, plus sale et plus pesante.

Suivant Lichtenstein, les bouts-de-queue des Autruches du Cap seraient noires. (*Op. cit.*, p. 44.)

5° *Plumes dites du Sénégal.* — Proviennent de la côte occidentale de l'Afrique centrale. Inférieures aux quatre précédentes, en raison de leur nature plus sèche et de la facilité avec laquelle elles sont attaquées par les mites (1), leur seule mérite est d'être d'un blanc parfait, ce qui permet de les soumettre à certaines teintures brillantes, tandis qu'elles sont rebelles à d'autres. Elles résistent à la teinture aux acides les plus actifs.

On confond parmi les plumes du Sénégal, celles dites *Yamani*, qui paraissent provenir de l'Arabie ou de l'Abyssinie. Elles sont plus courtes, très blanches et à duvet plus maigre.

6° *Plumes dites de la Mecque.* — Provenant vraisemblablement des déserts de l'Arabie, elles sont apportées à Alger par les caravanes ou les pèlerins. — D'une qualité toujours ingrate et défectueuse, elles ne s'employaient que pour la teinture en noir.

7° *Plumes d'Algérie.* — Proviennent de l'intérieur du Sahara et sont un moyen d'échange pour les produits du Tell. Elles sont moins abondantes, et leur qualité est la plus inférieure, soit que le temps de la chasse ait été mal choisi pour leur récolte, soit qu'elles se composent principalement de plumes détachées de l'animal par la mue, soit enfin qu'on les obtienne

(1) Notre collègue M. Ray possède sur ce genre de détérioration des documents précieux, et il serait à désirer qu'il voulût bien les communiquer à la Société d'acclimatation.

d'une race d'Autruches moins grandes et moins corsées que celles d'Égypte ou du Cap.

Ce sont également des négociants israélites qui s'occupent spécialement de ce commerce.

Indépendamment de la qualité des plumes, suivant leur provenance, leur couleur ou leurs dimensions, les marchands attachent une grande valeur à leur conservation plus ou moins parfaite. Diverses raisons rendent parfois cette conservation difficile à obtenir.

Quant aux plumes qui se détachent naturellement par la mue de l'animal vivant et qu'on recueille sur le terrain (1), outre leur sécheresse, qui résulte de l'absence de nutrition, et leur plus ou moins grande détérioration, on a cru observer qu'elles sont plus facilement attaquées par les mites que celles qui sont arrachées à l'animal vivant. On les reconnaît en ce que, lorsqu'on les presse avec les doigts, elles ne laissent pas suinter, comme ces dernières, un suc sanguinolent, et qu'elles sont plus légères (2).

M. Notré pense qu'on pourrait prévenir l'attaque des mites, en les soumettant tout de suite à des préparations convenables, et M. Ray regarde la salaison des plumes comme une méthode aussi simple qu'efficace.

Les plumes nouvelles de l'Autruche sont assez promptement détériorées par l'habitude qu'ont ces oiseaux de se vautrer dans le sable, comme les Gallinacés, pour se débarrasser des poux. — Pendant l'incubation, les plumes des ailes et de la queue souffrent aussi des frottements continuels contre les bords du nid. Dans ce cas, les pennes antérieures des ailes et celles du milieu sont plus endommagées que celles placées plus en arrière. — M. Burchell (*Op. cit.*, t. II, p. 351) ayant tué une Autruche mâle et trouvant les plumes salies, les Hottentots lui dirent « que c'était un oiseau de nid, » c'est-à-dire, un oiseau couveur. — Lichtenstein dit également qu'à l'époque de l'incubation les plumes ont moins de valeur « parce qu'elles sont gâtées par le frottement et par la terre. (*Op. cit.*, t. II, p. 44.)

(1) Voyez le Mémoire de M. Lapanouse, *Op. cit.*, t. IV, p. 103.

(2) *Histoire générale des voyages*, t. II, p. 362.

Mais la principale cause de déchet, qui fait que la plupart des dépouilles vendues au marché ont peu de valeur, tient à la manière dont a lieu la mue chez les oiseaux et au mode vicieux de se procurer les plumes.

Quoique le changement de plumes se passe chez les Autruches avec plus d'activité à certaines époques de l'année, en avril et mai dans le midi de l'Afrique, au commencement de l'hiver au Sennaar, et en septembre ou octobre à Paris, il n'a jamais lieu tout à la fois, mais bien au contraire successivement, de manière qu'on pourrait presque dire que la mue dure la plus grande partie de l'année. Il en résulte qu'on rencontre toujours sur le même animal de vieilles plumes près de tomber, des plumes naissantes, et quelques plumes nouvellement arrivées à leur croissance complète. Or, comme on ne se procure ordinairement les Autruches par la chasse au fusil, à l'affût ou à la course, qu'au moment surtout de la nichée, on conçoit la difficulté qu'on éprouve à recueillir à la fois un grand nombre de belles plumes. On comprend mieux que lorsque, au Sahara, la chasse a lieu exceptionnellement en novembre, après la principale mue, les chances soient plus favorables.

D'ailleurs, on risque en se servant de fusils, comme cela se pratique au Cap et dans quelques parties du nord de l'Afrique, de faire sur les plumes des taches de sang qui, combinées avec la graisse, ne s'enlèvent qu'avec la plus grande difficulté, au dire de quelques industriels, quoique MM. Verreaux affirment de leur côté qu'on peut les faire disparaître promptement quand on les lave tout de suite.

Les résultats sont bien autrement avantageux, lorsqu'on peut arracher les plumes, à mesure qu'elles se renouvellent, sur les Autruches vivantes, domestiquées ou simplement apprivoisées. On obtient alors successivement toutes les plumes dans l'éclat de leur fraîcheur, et lorsqu'elles ont acquis tout leur développement, on peut même répéter cette récolte dans le cours de l'année. Cette idée est loin d'être une utopie et est mise depuis longtemps en pratique.

Nous avons déjà vu qu'au moyen âge, suivant Marmol, les tribus de la province de Dara en Numidie élévaient des Autruches dans ce but. On les y faisait parquer en troupeaux, afin de s'assurer de la récolte de leurs plumes. Buffon fait observer à ce sujet « qu'ils en tiraient sans doute ces plumes de premières qualité qui ne se prennent que sur les Autruches vivantes. » (*Histoire naturelle des Oiseaux*, t. I.)

Plus récemment encore, le capitaine Lyon nous apprend (1) que dans quelques parties du Fezzan on a recours à ce moyen.

Voici ses paroles : « A Sockna et aux environs, on élève des Autruches dans les basses-cour, et l'on récolte leurs plumes trois fois en deux ans. D'après les peaux d'Autruches que j'ai vu exposer en vente, je crois que toutes les belles plumes qu'on voit en Europe viennent de celles qui sont privées, les autres ayant les leurs tellement souillées et brisées qu'elles n'en ont quelquefois pas une douzaine de bonnes. »

Diverses tribus nègres du centre de l'Afrique exercent une industrie analogue, et il ne serait pas imposible que les plumes dites d'Alep, importées en Égypte par les caravannes du Sennaar ou du Darfour, ne provinssent de cette exploitation.

Enfin, MM. Verreaux frères m'ont dit avoir tiré, sous ce rapport, un excellent profit des Autruches qu'ils élevaient dans leur ménagerie au Cap, et pensent qu'on pourrait sans inconvénients faire deux récoltes par année.

La valeur en argent des diverses espèces de plumes que nous venons de passer en revue varie, pour chaque provenance, suivant les qualités et les défauts que j'ai indiqués.

A ce point de vue on distingue en général les plumes blanches en quatre catégories :

1° Les *premières*, les plus onduleuses, les plus fraîches, ce sont les plumes du devant et du milieu de l'aile.

2° Les *secondes*, moins belles pour la grâce et la souplesse, et un peu usées, sont les dernières plumes des ailes et partie du milieu.

3° Les *tierces* sont plus ou moins usées, et l'on en coupe la tête.

(1) *Voyage dans l'intérieur de l'Afrique septentrionale*, traduit de l'anglais, dans la *Collection de voyages modernes*. Paris 1822, t. XIX, p. 79.

4° Les *bouts-de-queue*.

Cette valeur varie aussi à l'infini et souvent très brusquement, suivant les caprices de la mode et la rareté de la marchandise sur place. Elle donne lieu quelquefois à un véritable jeu de bourse, et le monopole qu'exercent, comme je l'ai dit, quelques maisons, doit y contribuer.

Autrefois les plumes longues étaient très recherchées. M. Jules Verreaux a vu, dit-il, une plume atteindre le chiffre fabuleux de 100 fr., et les premières qualités du Cap valoir jusqu'à 2 livres sterl. Aujourd'hui les courtes sont plutôt en faveur, on vise au bon marché. Les bouts-de-queue, autrefois moins appréciés, ont haussé considérablement, et l'on a vu cette sorte de marchandise monter dans l'espace de quinze jours de 60 à 300 fr. En 1830, M. Ray a payé jusqu'à 1,800 fr. le cent des plumes Bengazy, venant d'Alep.

Toutefois je suis parvenu à recueillir quelques données, qui pourront faire juger de la valeur commerciale de cet article, soit dans le moment actuel, soit à d'autres époques, et des avantages qui résulteraient de son exploitation plus facile et plus judicieuse.

Plumes d'Alep et de Bengazy. — En 1856, les *premières blanches* (par paquets de 100), le paquet, de. . . . . 600 à 800 fr.
Les *secondes*, moitié valeur. . . . . 300 à 400
Les *tierces*, quart de valeur. . . . . 150 à 200
Les *bouts-de-queue*, dixième de valeur. . . . . 60 à 80
Les *noires* (par paquets de 200 à 300), la livre de 16 onces, suivant les besoins de la place. . . . . 20 à 80

Une très belle dépouille d'Autruche mâle peut rapporter, suivant M. Gresy, de 400 à 500 fr.

Une dépouille médiocre, de 100 à 150 fr.

En 1798, le prix des plumes du Darfour et du Sennaar, importées à Siout et à Esné, était, pour les *premières*, de 1,500 pataques (la pataque à 3 fr. 21 c.) le cantar, soit 4,815 fr. les $48^{k},125^{gr}$; les *secondes* ne valaient que 200 pataques le cantar, soit 642 fr. (1).

(1) *Description de l'Égypte*, t. XVII.

Au Caire, suivant M. Jomard, la livre de 14 onces, ou le *rotl* (437 gram. 1/2) de plumes noires et blanches, coûtait 360 paras (le para à 7 cent.), soit 25 fr. 20 c. (1).

L'exportation des plumes avait lieu d'Égypte sur Trieste, par Venise, sur Livourne et Marseille.

On expédiait annuellement à Trieste deux caisses de plumes du poids, chacune, de $131^{k},250^{gr}$ à 175 kilogr. Le prix moyen de cette marchandise y était coté à 32 fr. 10 c. les 437 gram. 1/2.

Les *premières*, 128 fr. 40 c.; les *secondes*, 96 fr. 68 c.; les *tierces*, 48 fr. 15 c.; les *bouts-de-queue*, 25 fr. 68 c., et les *noires* de 4 à 6 fr.

On expédiait à Livourne vingt caisses, pesant chacune de $21^{k},875^{gr}$ à $87^{k},500^{gr}$. Les *premières* y valaient depuis 128 fr. 40 c. jusqu'à 160 fr. 50 c. les 437 gram. 1/2; les *secondes* et les *tierces*, 48 fr. 15 c., et les *noires*, 6 fr. 42 c.

L'importation directe pour la France ne consistait qu'en 8 à 10 cafas (espèce de grand panier) de plumes blanches et noires, dont le prix variait suivant la demande.

Suivant M. Lapanouse (2), le prix, en Égypte, des *plumes blanches choisies* était de 15 à 20 sequins, soit de 64 livr. 5 s. 8 d. 4/7 à 85 livr. 14 s. 3 d. 3/7 le rotl, soit les 14 onces; les *secondes* ou *plumes ordinaires*, de 6 à 10 sequins, soit de 25 livr. 14 s. 3 d. 3/7 à 42 livr. 17 s. 1 d. 5/7 le rotl; les *plumes noires*, de 1 à 2 sequins le rotl de 14 onces, soit de 4 livr. 5 s. 8 d. 4/7 à 8 livr. 11 s. 5 d. 1/7.

En 1849, d'après M. Prax (*op. cit.*), le prix d'une dépouille d'Autruche mâle, tirée de la régence de Tripoli et de Tunis, s'élevait :

	fr.	c.
A Agdes, à.	38 fr.	50 c.
Ghat.	47	25
Ghadamès	63	
Tripoli.	73	
Tunis.	90	

Les plumes d'Autruche payaient à l'entrée, à Tripoli, un droit de 12 p. 100; mais lorsqu'elles étaient vendues aux

(1) *Description de l'Égypte*, t. XVIII, page 422.

(2) *Mémoires sur l'Égypte*, t. IV.

marchands de Constantinople, elles étaient libres de droits. Les marchands de Ghadamès portaient les plumes de Tripoli à Tunis et payaient en outre 5 p. 100 de droits dans cette dernière ville.

Plumes de Barbarie. — En 1856, les *premières blanches* (par paquets de 100), le paquet, de. . . . . 500 à 600 fr.
Les *secondes*, demi-valeur. . . . . 250 à 300
Les *tierces*, quart de valeur. . . . . 125 à 150
Les *bouts-de-queue*, dixième de valeur. . . . . 62 à 75
Les *noires*, par livre de 16 onces (485 gram.), la livre. . 50 à 60

Vers le commencement du siècle actuel, d'après Jackson (*op. cit.*), voici la manière dont se faisait à Mogador le commerce des plumes de l'ouest et du sud de la Barbarie.

Un quintal de plumes, ou 100 livres pesant (la livre de 14 onces), était composé de temps immémorial comme suit :

De 75 livr. petites plumes noires,
et de 25 { plumes dites zumar, — lobar, longues, noires, } de chaque espèce $\frac{1}{3}$.

N. B. Les zumars avaient plus de valeur que les longues noires, et celles-ci plus de valeur que les lobars.

A ce quintal de plumes assorties on ajoutait 6 livr. 4 onces de plumes passables ou fines combinées dans les proportions suivantes :

N° 1. Plumes de devant (*face feathers*), de surplus, dites uguh. 2 livr.
N° 2. Belles plumes de devant, dont 3 comptaient pour 2 uguhs, donc 3 livr. n° 2 pour 2 livr. n° 1. 2
N° 3. Plumes de devant évaluées à 2 pour 1 uguh, donc 4 livr. n° 3 pour 2 livr. n° 1. 2
N° 4. Plumes de devant mêlées (*basto face*), à 3 pour 1 uguh, donc 3 livr. n° 4 pour 1 livr. n° 1. 1
7 livr.
Et comme on ajoutait au quintal. . . . . 6 liv. 4 onc.
Il en restait de surplus. . . . . 12 onc.

Or, ces 12 onces en dessus étaient composées de plumes imaginaires isolées, et comme 4 demi-plumes de devant de surplus représentaient 1 once, les 12 onces répondaient à 54 plumes.

Sur cette base, et en partant d'un prix moyen, voici le compte qu'on établissait :

100 liv. plumes, à 90 drahims la liv., font	9000 drah.,	soit 900 écus mexicains.
54 plumes, à 9 drahims la pièce. .	486	
	9486 drah.,	soit 948 $\frac{6}{10}$ écus mexic.

8 drahims valaient 3 shillings 9 deniers.

En 1804, on a exporté de Mogador à Londres 555 livr. plumes d'Autruche, et en 1806, 556 livr. (*Op. cit.*, p. 243.)

En 1824, suivant Denham, Clapperton et Oudney (1), les dépouilles d'Autruches se vendaient au Bornou de 3 à 4 piastres la peau (la piastre valant 5 fr. 43 c.).

En 1849, d'après M. Prax (*op. cit.*), une dépouille d'Autruche se vendait à Kachna (Soudan) 8 fr. 75 c., et se revendait dans l'Oued-Mzab 80 fr.

Plumes du Cap. — En 1856. Les *premières blanches*	par paquets de 1 livre anglaise de 14 onces,	le paquet de 400. .	600 fr.
Les *secondes*.			200
Les *tierces*.			100

Les *bouts-de-queue* ne paraissent presque pas sur le marché, on ignore pourquoi. Il en est de même des *noires* et des *bayoques*, quoique assez recherchées.

Leur valeur moyenne n'est que de 100 francs comme les tierces.

La dépouille d'Autruche mâle se vendait au Cap de 20 à 24 fr.

Celle de la femelle, de 12 à 15 fr.

Sur une dépouille ordinaire on compte 32 plumes blanches propres au commerce, sans compter les plumes du dos, des épaules et du poitrail.

Les plumes sont vendues au Cap à la criée, mais une certaine catégorie de marchands les accaparent. Elles arrivent en

(1) *Voyages et découvertes dans le nord et les parties centrales de l'Afrique*, traduction française par MM. Eyriès et Larenaudière, t. II, p. 311. 3 vol. in-8. Paris, 1826.

Angleterre par caisses qui ne pèsent jamais plus de 5, 10, 20, 40 livres anglaises (Chagot aîné).

J'avais espéré obtenir d'Angleterre des documents ultérieurs plus positifs sur ce genre de commerce, mais ceux que j'ai recueillis jusqu'à ce jour sont loin d'être complets (1).

En 1809, d'après le docteur Lichtenstein, on payait aux chasseurs du Cap de 3 à 4 shillings (8, bis 12 gute Groschen) une belle plume ; mais en échange de marchandises et de vêtements d'Europe, on les avait à bien meilleur marché. (*Op. cit.*, t. II, p. 44.)

En 1822, d'après les rapports faits à M. Pringle, une peau d'Autruche, portant environ 45 plumes, après qu'on avait enlevé les plus belles, se vendait au Cap de 15 à 25 shillings, et les belles plumes de 6 deniers à 1 shilling la pièce. (*Op.cit.*, p. 177.)

Avant 1837, suivant M. Jules Verreaux.

Les *premières blanches*	valaient au Cap			10 fr.	la plume.
Les *secondes*	—	—	—	6	—
Les *tierces*	—	—	—	3	—

Les *bouts-de-queue* n'avaient pas de valeur.

Les *noires* ou les *bayoques* n'étaient cotées qu'à 5 shillings la livre anglaise de 14 onces.

(1) Voici en particulier la réponse que m'a faite, à la date du 18 février 1856, un négociant de Liverpool, auquel je m'étais adressé :

« Je me suis assuré que le commerce des plumes d'Autruche n'existe point à Liverpool, et qu'il est entièrement concentré à Londres.

» Lors même qu'il eût existé, je ne crois pas que j'eusse été en état de vous renseigner davantage à ce sujet, attendu que c'est un article tellement spécial, que jamais on ne le voit coté dans aucun prix-courant, ni mentionné dans aucune circulaire de commerce.

» En 1852, il n'y avait en Angleterre que quatre industriels qui préparassent des plumes d'Autruche, ce qui vous montre à quel point c'est un article spécial, et combien il est difficile de se renseigner sur une industrie aussi peu répandue.

» En outre, celles de nos maisons qui sont en rapport avec les côtes d'Afrique font de ce trafic un véritable *monopole*, dont elles sont extrêmement *jalouses*, et refusent en général de donner aucun renseignement sur leur genre d'affaires là-bas.

» Je sais seulement que les échelles de la côte d'Afrique qui trafiquent avec la Grande-Bretagne sont : Fernando-Pô, Sierra-Leone, Accra, Algoa-

Une livre contenait de 80 à 90 plumes, sur lesquelles on choisissait de 6 à 8 belles.

Sur une belle dépouille de mâle on pouvait recueillir 40 plumes propres au commerce.

Sur 1,000 plumes mélangées (en vrague) arrivant de l'intérieur, on rencontrait 8 à 9 très belles plumes et tout au plus 100 de belles.

Plumes du Sénégal. — En 1856, les *premières blanches* valent le 100. . . . . de 300 à 400 francs (Ray, Chagot aîné, Gresy); de 300 à 325 (Notré).

Les *secondes*, demi-valeur.	150 à 200
Les *tierces*, quart de valeur.	75 à 100
Les *bouts-de-queue*.	80 à 90
Les *noires*, la livre de 16 onces (1/2 kilogr.). .	30

Plumes d'Algérie. — Les *premières blanches* valent le 100, approximativement, de. . . . . 200 à 300 fr.

Les *secondes*, demi-valeur.	100 à 150
Les *tierces*, quart de valeur.	50 à 60
Les *bouts-de-queue*, dixième de valeur.	20 à 30
Les *noires*, la livre de 16 onces (1/2 kilogr.).	20 à 30

Bay, Benguela, Ambriz, Loango, Gabon et Angola. Mais c'est surtout de Mogador, du cap de Bonne-Espérance et d'Alexandrie que viennent les plumes importées dans ce pays. On en importe aussi indirectement de Livourne.

» Depuis 1845, il n'y a plus de droits d'entrée sur les plumes brutes. Sur les plumes travaillées le droit est de 3 shillings par livre anglaise de 14 onces. Il faut que l'importation de ces dernières soit assez forte, puisque, malgré un droit aussi faible, il a rendu aux douanes, en 1852, la somme de 125,000 francs.

» Les plumes d'Autruche s'importent en caisses de 1 à 2 quintaux. En 1852, il a été importé dans le Royaume-Uni 8,976 livres anglaises de plumes brutes, dont 3,242 ont été réexportées.

» La valeur de ces plumes varie naturellement beaucoup, suivant la grosseur, la couleur, etc. Les blanches valent de 125 à 260 fr. la livre anglaise.

» Alexandrie a exporté, en 1849, 2,690 rottolis (le rottol de 14 onces) de plumes d'Autruche, valant 2,228 francs, somme très faible.

» Livourne a exporté,	en 1848, 1565	livres anglaises de plumes brutes.	
—	en 1849, 1911	id.	
—	en 1850, 2182	id.	
» Le Cap a exporté,	en 1846, 1327	id.	valant 191,375 fr.

» A Mogador, il y a sur les plumes d'Autruche un droit d'exportation de 30 pour 100 de la valeur, ce qui restreint considérablement ce genre de commerce. »

Sur la lisière du Désert, une belle peau a une valeur de 20 à 30 fr. (Daumas.) A Alger, une dépouille d'Autruche se vend de 25 à 50 fr. (Chagot aîné.) Suivant le général Daumas (*Chevaux du Sahara*, p. 270), les plumes se vendent dans les ksours à Tougourt, à Laghouat et chez les Beni-Mzab, qui font parvenir les dépouilles jusque sur le littoral, au moment de l'achat des grains. Chez les Oulad-Sidi-Cheickh, la dépouille du mâle (Delim) se vend de 4 à 5 douros (20 à 25 fr.), et celle de la femelle (Beumda) de 10 à 15 fr. Les Ouled-Naïls, les Arbâ, les Chaamba, etc., en trafiquent aussi : la dépouille entière d'un mâle se vend par eux ordinairement de 70 à 80 fr., et 40 à 50 boudjous ou 5,000 cauris au Soudan. (*Le Grand Désert*, p. 411.)

Or, en calculant sur le *prix* le plus élevé des plumes d'Algérie, les 50 pennes des ailes et les 50 plumes de la queue d'une Autruche mâle d'Algérie, tuée à la chasse, ne vaudraient, une fois pour toutes, que la somme de 115 fr., en supposant même qu'elles fussent toutes propres au commerce, ce qui n'arrive jamais ; tandis que cette même Autruche à laquelle on aurait arraché ses plumes, deux fois par année, pourrait fournir à son propriétaire un revenu annuel de 230 fr. au moins (1). Et, dans ce calcul, je n'ai fait mention que de 50 plumes blanches des ailes, quoiqu'il puisse y en avoir 80. Je n'ai pas non plus fait entrer en ligne de compte les plumes noires moins frisées et lisses du dos et des côtés, non plus que les plumes grises du ventre, connues sous le nom de *petit-gris*, qui, frisées à la main, étaient employées autrefois à des garnitures, à des bonnets, des palatines, des écrans ou des manchons. Et cependant, ainsi que le disait un industriel intelligent : « *Il en est de l'Autruche comme du Porc, il n'est aucune partie de sa dépouille qui soit perdue et qui ne puisse être utilisée.* »

La triste infériorité dans laquelle nous venons de voir pla-

(1) Cette spéculation paraît avoir été réalisée en Algérie par M. Jean Mary, demeurant au caravansérail de Oued-el-Kri, sur la route de Constantine à Sétif.

Il a possédé une Autruche mâle adulte pendant quelques années, et l'on m'assure qu'il retirait 250 francs par an de la vente des plumes arrachées.

cées les plumes d'Algérie, et l'accaparement des plumes de la Méditerranée par quelques maisons spéciales, ne pouvaient manquer d'exercer une influence désastreuse sur le commerce de ces plumes en France. Autrefois il en fournissait aux nations étrangères; maintenant, je le répète, il est devenu tributaire, pour la plume brute, de ces mêmes nations, et en particulier de l'Angleterre et de la Toscane, ce qui est constaté par le rapport officiel des importations en 1854, dont ci-joint l'extrait (1) :

Plumes blanches	de l'Angleterre, de la Toscane, d'autres pays,	1623 kil., à 100 fr. le kil.	162,300 fr.
	de l'Algérie,	226 kil. —	22,600
Plumes noires	de l'Angleterre, de la Toscane, de l'Égypte, d'autres pays,	2827 kil., à 10 fr. le kil.	28,270
	de l'Algérie,	279 kil. —	2,790

Donc la France est aux autres puissances, dans cette branche d'exportation, comme 1 est à 7902.

Et si nous tenons compte de toutes les plumes de parure, parmi lesquelles figurent les plumes du *Nandou* ou Autruche d'Amérique (appelées dans le commerce *plumes de Vautour*), le contraste est bien autrement saillant.

L'Algérie n'y est représentée que par les 505 kilogr. de plumes blanches et noires, valant 25,390 fr.; tandis que les puissances étrangères ont importé en France, en 1854, 32,317 kilogr. de plumes de parure diverses pour la somme de 373,170 fr., c'est-à-dire que la France n'est aux autres puissances que comme 1 à 14697.

Mais l'influence de cette cause de perte ne se borne pas au commerce général, et à celui de l'Algérie en particulier; elle porte aussi un préjudice notable aux intérêts de l'industrie plumassière en France; industrie dont, pour le dire en passant, le roulement de fonds s'élève annuellement à 3 millions

(1) *Tableau général du commerce de la France avec ses colonies et les puissances étrangères*, pendant l'année 1854, page 81.

au moins, et qui, à Paris seulement, occupe plus de deux mille ouvriers, dont la journée est plus largement rétribuée que dans tout autre état.

En effet, les plumassiers de Paris dépendent non-seulement de l'Angleterre pour les plumes du Cap et d'un monopole désastreux pour celles de la Méditerranée, ils doivent en outre craindre de voir tarir les sources de leurs matières premières; car déjà les plumes d'Alep deviennent plus rares, par suite de la guerre de destruction toujours croissante qu'on fait à ces oiseaux producteurs, et ils sont obligés de courir les chances de surcharges considérables occasionnées par les altérations qu'on fait subir souvent à cette marchandise.

Nous avons dit que les paquets de plumes se vendaient fréquemment au poids; dans ce cas, leur valeur est singulièrement diminuée par l'addition frauduleuse d'un sable fin qui adhère aux barbules, par des liens volumineux qui pèsent quelquefois jusqu'à 120 grammes, et par des tronçons de plumes qu'on introduit au centre des paquets. J'ai l'honneur d'en placer des échantillons sous vos yeux.

Enfin, le tarif des douanes ajoute encore de nouvelles difficultés à celles du commerce. En 1826, toutes les plumes qui venaient du Cap payaient aux douanes anglaises 1 livre sterling d'impôt par livre de 14 onces; en 1832, ce droit fut réduit à 10 shillings la livre; en 1845, tout droit a été supprimé. Tandis qu'en France, depuis et avant 1826, les droits d'entrée pour les plumes étrangères n'ont pas changé, savoir : 117 fr. pour 100 kilogr. de plumes noires, soit 58 cent. les 500 gram., et 412 fr. pour 100 kilog. de plumes blanches, soit 2 fr. 6 c. les 500 gram. L'Algérie seule est exempte de droits.

Pour remédier à d'aussi graves inconvénients et regagner, s'il est possible, les avantages négligés ou perdus, il me semble qu'il n'y a qu'un moyen efficace : celui de domestiquer les Autruches en Algérie; et d'autant mieux que l'entreprise ne paraîtra ni trop difficile, ni trop coûteuse, lorsque nous aurons étudié les mœurs et les habitudes de ces animaux.

CHAPITRE IX.

Des mœurs et des habitudes de l'Autruche.

L'Autruche est un oiseau doux, pacifique, et plutôt timide; aussi n'attaque-t-elle jamais les autres animaux. Cependant, à l'époque du rut, le mâle a des accès de violence qui sont à redouter de ceux qui s'en approchent sans précautions. Si le bec n'est pas à craindre, non plus que les ergots qui font saillie à l'intérieurs des os des ailes, les coups de pied lancés soit en avant, soit de côté, ne sont pas également innocents. M. Édouard Verreaux a vu un nègre tué d'un coup de pied dans la poitrine; et, ce qu'il y a de remarquable, c'est que les Autruches qu'il élevait paraissaient avoir plus d'antipathie pour les nègres que pour les blancs. La violence de ces coups de pied, et l'adresse avec laquelle les mâles les appliquent, leur permettent de s'en servir comme de défense contre les bêtes sauvages. Aussi sont-ce les Autruches mâles qui font la garde de nuit auprès de la nichée et qui la défendent avec courage et dévouement ; les femelles, plus timides, plus inoffensives, se contentent de prendre la fuite.

Cet oiseau ne brille pas par l'intelligence, ce qui est en harmonie avec la petitesse et la conformation de son cerveau ; mais il se laisse guider par ses sens et ses instincts, ne manque pas de prévoyance dans certains cas, et est particulièrement très vigilant.

Le sens de la vue est surtout développé et lui donne l'avantage de faire bonne sentinelle dans le Désert ; il nous permettra plus tard de diriger l'éducation de l'animal dans un but utilitaire. Il paraîtrait même que l'organisation de l'œil facilite à cet oiseau la chasse des insectes crépusculaires (1).

(1) Les orbites occupent les deux tiers du volume de la tête, entre le bec, d'un côté, et de l'autre le cerveau ou les organes de l'ouïe.

Le globe de l'œil n'est pas sphérique, mais la cornée opaque est aplatie

Tous les auteurs s'accordent à dire que sa vue, très longue, s'étend même à la distance de près de deux lieues, de manière que l'Autruche aperçoit l'ennemi longtemps avant qu'il puisse se douter de sa présence.

L'ouïe est également très fine, et elle distingue très facilement les appels qu'on peut lui faire à distance.

Le goût et l'odorat sont les plus faibles de ses sens.

L'instinct qui prédomine chez l'Autruche est celui de l'alimentation et nous fournit un excellent moyen de la dompter et de la domestiquer. La voracité qu'on lui reproche est en partie la conséquence de la vie qu'elle mène dans le Désert. Appelée à vivre, tantôt dans l'abondance, pendant la saison des pluies, tantôt dans la pénurie, à l'époque de la sécheresse, et pouvant s'engraisser rapidement, elle en profite pour faire des provisions de graisse qui lui serviront à supporter des jeûnes prolongés; et, d'autre part, elle parvient à se nourrir de substances que rejettent tous les autres animaux.

Elle est classée parmi les frugivores; et, en effet, les végétaux font la base de sa nourriture; mais elle est aussi omnivore, et la disposition de ses estomacs prouve qu'elle est capable de digérer les substances les plus dures, les plus coriaces, les plus inattaquables par les sucs gastriques ordinaires. L'herbe est sa nourriture favorite, et elle en trouve une pâture abondante après la pluie, dans quelques parties du Désert; les fruits sucrés, les dattes, les graines de céréales et de légumineuses ont pour elle beaucoup d'attrait; mais les fruits secs et durs, les feuilles et les bourgeons d'arbustes amers et épineux, frais ou secs, des portions d'écorce ou de bois, ne lui répugnent pas. Richardson a vu un troupeau d'Autruches se nourrir de la gomme du *Mimosa* (1).

d'avant en arrière, et la cornée transparente fait seule une saillie considérable.

Le diamètre transversal de la cornée opaque est de 47 millim.
Son diamètre antéro-postérieur, de 23 —
Le diamètre transversal de la cornée transparente, de 17 —
La saillie de la cornée transparente, de 8 —
Le diamètre du nerf optique a près de 3 1/2 à 4 —

(1) *Narrative of a Mission to Central Africa*, t. I, p. 149.

Elle mange aussi toute espèce d'insectes, de larves, des lézards, des serpents, des grenouilles, des coquillages terrestres, des débris de viande et même des os. Lichtenstein mentionne qu'une des raisons qui attachent les Autruches aux Quaggas, c'est qu'elles recueillent, dans les excréments de ces derniers, de gros coléoptères (de la famille des *Bousiers*) dont elles sont très friandes (*ouvr. cit.*, t. II, p. 341). Dans l'état de captivité, on les voit recueillir jusqu'à leurs crottins desséchés. Et pour faciliter la trituration des aliments, ou pour apaiser la sensation pénible de la faim (1), elles avalent des pierres et des métaux quand elles en trouvent.

Des anecdotes relatives à ce genre de gloutonnerie sont citées par tous les auteurs (2).

Chez les fermiers du Cap, on les a vues avaler de petits poulets tout entiers (3), et MM. Verreaux m'ont raconté qu'une de leurs Autruches avait ingurgité en même temps un gros morceau de savon et un bougeoir de cuivre. Le bougeoir fut rejeté quelque temps après; mais déjà il était complétement tordu et aplati.

On se rappelle aussi la mésaventure récente d'un habitant de Saint-Quentin, dans une exhibition d'Autruches, et qui, quoique averti de l'habitude qu'a cet oiseau de happer les objets brillants, s'était approché imprudemment de l'une d'elles, en étalant sur sa poitrine une belle chaîne d'or. En un clin d'œil il vit disparaître et chaîne et montre dans l'œsophage de l'animal glouton, et paya bien cher son étourderie, malgré ses réclamations devant les tribunaux.

La nourriture des jeunes Autruches, qui, au moment de l'éclosion, sont de la grosseur d'une poule ordinaire, est presque

(1) C'est par la même raison que les Loups, tribus de l'Amérique, mangent de l'argile dans les temps de disette.

(2) Warren, *Philosophical Transactions*, n° 394. Ramby, *id.*, n° 381. Wallisnieri, *ouvr. cit.* (*Mémoires de l'ancienne Académie des sciences de Paris pour servir à l'histoire des animaux*, part. 2, p. 120). Lacépède et Cuvier, *Ménagerie nationale*, p. 2. Daumas, *Chevaux du Sahara*, p. 276, etc.

(3) *British Cyclopædia of Natural History*, by Charles Partington, t. III, p. 366. 3 vol. in-8°, London, 1837.

entièrement animale. Ainsi que je l'ai fait observer précédemment, les œufs conservés en dehors du nid pourraient en faire partie; mais ce sont surtout des insectes et de petits reptiles qui leur conviennent; aussi leur font-elles la chasse aussitôt après leur naissance. Élevées dans la captivité, elles sont faciles à nourrir avec du pain, de la viande hachée, des graines, des légumes, etc., et s'accommodent de presque tout. La gloutonnerie est leur défaut, aussi bien qu'à un âge plus avancé, et il faut se garder d'y céder imprudemment, en leur donnant à manger trop à la fois (Notré).

Au reste, il ne faut pas croire que les Autruches apprivoisées ou captives aient besoin d'autant de nourriture qu'on s'imagine, elles sont surtout des plus économiques à nourrir quand elles peuvent pâturer.

Du temps de M. Cuvier, la ration des Autruches du Jardin des Plantes de Paris était, par jour, de 4 livres d'orge, 1 livre de pain et environ 10 têtes de laitue; actuellement on ne leur donne journalièrement, lorsqu'elles sont renfermées, que 1 litre d'orge et 500 grammes de pain; les curieux complètent ce régime dans les beaux jours, où elles sortent de l'enclos. Lorsque l'herbe pousse, on en fauche pour la leur donner, et, malgré ce petit ordinaire, elles engraissent si promptement, qu'il en est résulté quelquefois un état maladif.

Dans le Jardin zoologique d'Anvers, on leur donne 1 1/2 kilogram. de nourriture par jour, et été et hiver de la verdure; ce régime leur va parfaitement.

MM. Verreaux, au Cap, ne donnaient à leurs Autruches que 1 1/2 litre d'orge, indépendamment des feuilles et des glands qu'elles ramassaient sous des chênes, et de l'herbe rare qu'elles broutaient dans l'enceinte.

D'autre part, elles peuvent supporter des jeûnes plus prolongés qu'aucun autre animal.

Une Autruche du Jardin des Plantes, qui avait avalé 500 gram. de clous, resta parfaitement bien portante et vigoureuse pendant trente-quatre jours, quoiqu'elle n'eût pris dans cet intervalle aucune espèce de nourriture quelconque, et elle n'a pas succombé à l'inanition, puisqu'elle était encore grasse à sa mort, mais bien à la présence dans l'estomac de cette masse énorme de corps étrangers, qui cependant avaient été corrodés et appointés sous l'action des sécrétions gastriques (1).

Quant à la boisson, on est aussi peu d'accord sur la quantité qui leur est nécessaire.

D'anciens auteurs avaient même avancé qu'elles ne buvaient pas, mais le fait a été controversé par la plupart des écrivains modernes.

Lichtenstein (*ouvr. cit.*) nous apprend que, dans les déserts du Cap, on voit aboutir aux sources des sentiers battus, tracés en ligne droite par les Autruches qui y vont boire.

M. Édouard Verreaux a vu lui-même des Autruches venir s'abreuver dans la rivière des Éléphants.

M. Jules Verreaux pense que, lorsque les Autruches résident dans les pâturages, elles peuvent se passer plus facilement de boire, vu que les herbes sont pénétrées chaque nuit d'une humidité excessive, par suite de la rosée.

Dans les déserts sablonneux, au nord de l'équateur, où les conditions locales sont un peu différentes, elles ne boiraient que tous les cinq jours, lorsqu'il y a de l'eau (*Chevaux du Sahara*), et quelquefois elles seraient obligées de faire plusieurs journées de marche à la rencontre de l'eau. Aussi éprouvent-elles une sorte de joie folle, d'agitation fébrile, à l'approche d'un orage, et elles s'élancent du côté où brillent les éclairs. Une observation analogue avait été faite au Cap, lors des changements de temps. Dans ces moments, les Autruches captives devenaient si étourdies et couraient avec tant de violence, qu'elles ne s'apercevaient pas des obstacles qui se présentaient sur leur passage, et même allaient se butter contre les murs blanchis de l'enceinte, au risque de se casser la tête ou les jambes.

Cuvier est disposé à croire, d'après certains indices, qu'elles aiment parfois à se baigner.

(1) Voyez la Notice de M. Emmanuel Rousseau, dans le *Recueil des travaux de la Société médicale du département d'Indre-et-Loire*, 2e et 3e trimestres de 1848. 1 broch. in-8, Tours, p. 65.

Les Autruches du Jardin des Plantes de Paris boivent souvent en été près de 2 litres d'eau par jour, en hiver elles boivent un peu moins; mais la captivité ou le climat peuvent avoir influé sur cette habitude (1).

La saison des amours, avons-nous dit, occupe une place importante dans la vie de l'Autruche. Le mâle, à cette époque, éprouve une véritable fièvre; sa circulation est activée, et la peau de son cou et des cuisses prend une teinte rosée très vive. Il est très lascif et coche souvent sa femelle plusieurs fois dans la journée. C'est vraisemblablement cette raison qui avait engagé les anciens Grecs à le comparer au *Moineau* (στρουθος), bien connu par sa lascivité, et ce qui leur faisait donner le nom de *grands Moineaux* (ςτρουθοὶ μεγαλαὶ).

La femelle est moins ardente; aussi le général Daumas rapporte que « la femelle se fait beaucoup prier; le mâle, furieux de passion, la poursuit quelquefois pendant quatre ou cinq jours; il ne boit pas, ne mange pas, et pousse sans cesse des gémissements (2). Enfin, quand la femelle est à bout de résistance, elle se place dans la même position que quand elle couve, et le mâle monte dessus. » (*Chevaux du Sahara*, p. 276.)

Dans l'état de captivité, la femelle, ne pouvant fuir au loin, est obligée de céder promptement; de là des inconvénients que nous signalerons plus tard, et peut-être une raison de la non-fécondation des œufs.

(1) Aristote, parlant des animaux qui séjournent dans les déserts de la Libye, fait au contraire l'observation « qu'en hiver ce besoin se fait plus sentir chez eux qu'en été, » et il ajoute: « Comme dans le pays qu'ils habitent, il ne tombe pas de pluie en été, ils sont accoutumés à ne pas boire dans cette saison. » (*Histoire des animaux*, traduct. franç. par M. Camus, t. I, p. 525. 4 vol. in-4, Paris, 1783.)

(2) Dans le rut, le mâle pousse des rugissements, et non des gémissements.

Ce cri rauque et guttural, qui s'accompagne d'une dilatation considérable du haut du cou, est tellement semblable à celui du Lion, quoique plus faible, que M. Renier, du Jardin des Plantes, y a été trompé plusieurs fois de nuit.

Backhouse affirme aussi qu'il n'y a que des oreilles habituées qui puissent facilement l'en distinguer, et même les Hottentots qui l'accompagnaient en étaient parfois la dupe. (*Ouvr cit.*, p. 452.)

J'ai fait mention ailleurs de quelques-unes des habitudes de l'Autruche à l'époque de la ponte et de l'incubation; je n'y reviendrai pas, et ferai seulement observer que, si dans l'état de captivité elles peuvent s'accoupler et pondre des œufs, tout aussi bien que dans l'état sauvage, elles n'y ont jamais fait de nid jusqu'à présent et n'ont jamais couvé. Peut-être en sera-t-il autrement si elles doivent se domestiquer; car cette aptitude à couver est un des principaux caractères qui distinguent l'oiseau domestiqué de l'oiseau simplement apprivoisé.

Nous avons dit que les œufs pondus en captivité chez M. Granal, à Montpellier, ont été reconnus féconds par M. Moquin-Tandon, et il est vraisemblable qu'il en serait de même de ceux pondus en Algérie. Il paraîtrait que les choses ne se passent pas ainsi dans des latitudes plus septentrionales; du moins les œufs pondus sous le climat de Paris ou d'Anvers ne doivent pas avoir été fécondés, si l'on en juge par les observations de M. Isidore Geoffroy Saint-Hilaire.

La force de l'Autruche paraît être très grande, surtout celle du mâle, du moins d'après les quelques essais qu'on en a faits. La vitesse de sa course est non moins proverbiale que sa voracité et ses facultés digestives.

Adanson, dont le témoignage ne peut être suspect, raconte, au sujet de sa force, l'anecdote suivante (1) :

« Le même jour deux Autruches, qu'on élevait depuis près de deux ans dans ce comptoir (à Podor), me donnèrent un spectacle qui est trop rare pour ne pas mériter d'être rapporté. Ces oiseaux gigantesques, que je n'avais aperçus qu'en passant dans les campagnes brûlées et sablonneuses de la gauche du Niger, je les vis là tout à mon aise. Quoique jeunes encore, ces Autruches égalaient à peu près la taille des plus grosses. Elles étaient si privées, que deux petits noirs montèrent ensemble la plus grande des deux; celle-ci n'eut pas plutôt senti ce poids, qu'elle se mit à courir de toutes ses forces et leur fit faire plusieurs fois le tour du village, sans qu'il fût possible de l'arrêter autrement qu'en lui barrant le passage. Cet exercice

(1) *Voyage au Sénégal de 1749 à 1753, Histoire naturelle du Sénégal*, p. 48. 1 vol. in-4, Paris, 1757.

me plut tant que je voulus le faire répéter ; et, pour essayer leurs forces, je fis monter un nègre de taille sur la plus petite et deux autres sur la plus grosse. Cette charge ne parut pas disproportionnée à leur vigueur ; d'abord elles trottèrent à un petit galop des plus serrés ; ensuite lorsqu'on les eut excitées, elles étendirent leurs ailes, comme pour prendre le vent, et s'abandonnèrent à une telle vitesse qu'elles semblaient perdre terre. Il n'est sans doute personne qui n'ait vu courir une perdrix et qui ne sache qu'il n'est pas d'homme capable de la suivre à la course, et l'on pense bien que, si elle avait le pas plus grand, sa vitesse serait considérablement augmentée. L'Autruche marche comme les perdrix, a ces deux avantages, et je suis persuadé que celles-ci eussent laissé bien loin derrière elles les plus fiers chevaux anglais qu'on eût mis à leurs trousses. Il est vrai qu'elles ne fourniraient pas une course aussi longue qu'eux ; mais, à coup sûr, elles pourraient l'exécuter plus promptement. J'ai été plusieurs fois témoin de ce spectacle, qui doit donner une idée de la force prodigieuse de l'Autruche, et faire connaître de quel usage elle pourrait être, si l'on trouvait le moyen de la maîtriser et de l'instruire comme on dresse un cheval. »

La plus grande de ces Autruches aurait donc porté 120 kilog. au moins, sans que sa course en fût gênée. Le même auteur revient sur ce fait dans son *Cours d'histoire naturelle*, tome II, page 367, lorsqu'il dit : « Cet oiseau est extrêmement fort ; » on peut en juger par l'expérience dont j'ai rendu compte » dans les relations de mon *Voyage au Sénégal*, page 48, et qui » nous apprend qu'une jeune Autruche de deux ans et domes- » tique, c'est-à-dire qui n'a point pris toute la force que donnent » l'âge et la liberté, peut devancer le cheval le plus prompt, » quoique chargée du poids de deux hommes de taille, c'est-à- » dire de 300 livres au moins.

» Elle a donc plus de force à proportion que le cheval, qui » passe pour un des plus forts animaux parmi les quadru- » pèdes. »

M. Notré, qui habite à Paris, rue du Caire, m'apprend de son côté que, lorsqu'il demeurait en 1819 à Marseille, ayant vingt ans et pesant environ 60 kilog., il avait monté une Autruche mâle d'Égypte, de grande taille, dans la campagne d'un négociant, et qu'elle lui avait fait faire une course si étourdissante, qu'il s'en souvient encore aujourd'hui avec effroi ; heureusement qu'il avait embrassé étroitement le cou de l'animal et qu'il finit par s'arrêter dans des broussailles. On défendit à l'avenir de monter cette Autruche, de crainte d'accident.

Cette faculté qu'a l'Autruche de porter des poids aussi disproportionnés avec le volume de son corps, tient sans doute à un phénomène physiologique qui lui est commun avec les oiseaux qui s'élèvent dans l'air, savoir : que non-seulement la plupart des os sont vides et en communication directe avec les poumons, mais que l'oiseau peut aussi, à volonté, remplir d'air chaud plusieurs réservoirs membraneux qui se trouvent placés auprès des ailes, sous le ventre et autour des cuisses, véritables aérostats qui allégent le poids supporté par les jambes (1). Quand elle n'est pas à la course ou qu'elle n'est pas excitée, ces sacs ne se gonflent pas, et par conséquent l'Autruche ne peut pas supporter un poids si considérable. C'est ce qui explique les contradictions dans lesquelles sont tombés certains observateurs. M. Édouard Verreaux, quoique ayant monté une forte Autruche captive dans son hangar, me disait « qu'*elle avait peine à le porter.* » Et l'Arabe du général Daumas, en lui rapportant « qu'il n'est pas rare de voir, à quelque distance du douar, mettre un enfant fatigué sur le dos d'une Autruche, qui se dirige avec son fardeau droit sur la tente, » ajoutait : « Mais elle ne porterait pas un poids plus lourd, un homme par exemple : elle le jetterait à terre d'un coup d'aile. » (*Chevaux du Sahara*, p. 278.)

Quant à la vitesse, tous les narrateurs s'accordent à dire que l'Autruche n'est surpassée par aucun autre animal, et qu'on ne parvient à la forcer qu'en usant de stratagèmes et en profitant

(1) Voyez Claude Perrault, *ouvr. cit.*, p. 145. Voyez aussi Sappey, *Recherches sur l'appareil respiratoire des Oiseaux*, p. 28, 48 et 49. 1 broch. in-4, Paris, 1847.

des circuits et des crochets qu'elle fait, surtout dans la saison où elle niche; car cette saison étant la plus chaude, les chasseurs ont remarqué qu'elle était alors moins agile et plus vite fatiguée.

Xénophon en avait déjà fait l'expérience dans son expédition avec Cyrus. Voici ce qu'il dit (1) :

« Il passa de là en Arabie, ayant l'Euphrate à sa droite, et fit en cinq jours trente-cinq parasanges dans un pays désert uni comme la mer et couvert d'absinthe; s'il y croît d'autres plantes en cannes, elles sont toutes odoriférantes et aromatiques, mais il n'y a point d'arbres. On y trouve toutes sortes d'animaux, grand nombre d'Anes sauvages, beaucoup d'Autruches (Moineaux de la grande espèce), des Outardes et des Gazelles. Les cavaliers donnaient quelquefois la chasse à ces animaux. Les Anes, lorsqu'on les poursuivait, prenaient les devants à la course et s'arrêtaient : car ils courent beaucoup plus vite que le cheval; et derechef, quand s'approchaient les chevaux, ils faisaient la même chose. Et il n'y avait pas moyen de les prendre, à moins que les cavaliers, en s'espaçant, ne les chassassent avec des relais de chevaux. La chair de ceux que l'on prit ressemblait à celle du cerf, mais elle était plus délicate. Pour l'Autruche, personne n'en prit; car les cavaliers qui en poursuivirent y renoncèrent bientôt. En effet, elles s'éloignaient beaucoup en fuyant à la course, à l'aide de leurs pieds, et se soulevaient avec leurs ailes, dont elles se servaient en guise de voiles. »

Jannequin tient le même langage. « Étalons donc ses propriétés, dit-il; puis nous verrons de quelle façon les Nègres, les Maures, Turcs et Barbares procèdent à la chasse de cet oyseau, qui, quoiqu'il aye des ailes, ne sauroit s'en servir pour voler, à cause de la trop grande pesanteur; mais bien pour courir avec tant de vitesse, que ne pouvant y mettre le vent dedans, il n'y a point de cerf, pour si vite qu'il soit, qui

(1) *Cyropédie*, liv. I, chap. v, §§ 2, 3, et *Œuvres complètes de Xénophon*, traduites en français par J.-B. Gail, p. 438, t. III. Paris, fructidor an VII.

puisse l'égaler à la course. » (*Ouvrage cité*, chapitre XXIV, page 157.)

On se rend facilement compte de cette agilité, en considérant la disposition de ses jambes, dont chacun des pas mesure au moins un mètre, et sur lesquelles l'effort de toutes les puissances musculaires vient se concentrer.

Lorsque l'Autruche est en pleine course, son cou est obliquement tendu en avant, et ses ailes s'agitent en même temps que les sacs aériens se gonflent, de manière qu'étant suspendue pour ainsi dire entre l'air et la terre, l'équilibre est parfaitement maintenu, et qu'il ne se manifeste point de balancement d'un côté à l'autre, quoique sa marche soit une espèce d'amble. L'impulsion de l'une ou de l'autre des ailes facilite aussi les conversions brusques et fréquentes qu'opère l'Autruche à droite ou à gauche, pour échapper à ceux qui la poursuivent.

J'ai cherché à apprécier numériquement la vitesse de sa course, en la comparant à celle du cheval arabe monté, et M. Prisse d'Avennes m'en a fourni les moyens (1). Il dit que dans une course qui eut lieu à Alger, en 1854, et où fut adjugé un prix impérial, un des chevaux parcourut l'espace de 28 kilomètres en 59 minutes 16 secondes. Or, on peut admettre sans exagération qu'une Autruche n'eût pas mis tout à fait le même temps pour arriver au but; nous comptons pour elle 59 minutes 10 secondes.

Elle aurait donc parcouru en une heure 28 kilomètres 394 mètres, et comme, suivant certains auteurs (2), ce n'est qu'au bout de 8 à 10 heures d'une course pareille qu'elle succombe sous la fatigue, elle franchirait dans ce court espace de temps de 227 à 281 kilomètres.

D'autre part, le général Daumas nous informe (3) que, pour forcer une Autruche, cinq chasseurs s'associent et disposent

(1) *Des diverses races chevalines de l'Orient*, extrait de la *Revue contemporaine*. Tirage à part, 1 broch. in-8, p. 43, Paris 1854.

(2) Article AUTRUCHE, *Dictionnaire universel d'histoire naturelle*, par Charles d'Orbigny et de Lafresnaye, t. II, p. 366. 2 vol., Paris, 1843.

(1) *Mœurs et coutumes de l'Algérie*, p. 64. 1 vol., in-8. Paris, 1853.

leurs chevaux à la distance d'une lieue (4 kilomètres) les uns des autres, de manière à établir cinq relais, et que ce n'est cependant que le cinquième cavalier qui parvient à la joindre. Or, un cheval arabe de race parcourant 4 kilomètres en 8 à 10 minutes, les quatre premiers chevaux auraient donc parcouru 16 kilomètres en 32 minutes environ, et l'Autruche dans un espace de temps encore moindre.

On conçoit qu'avec une pareille vitesse, celui qui les monte, sans en avoir pris peu à peu l'habitude, soit comme suffoqué, faute de pouvoir reprendre haleine, et qu'il éprouve la sensation de ne pas toucher terre ; c'est ce qui arrivait à M. Notré.

La plupart des auteurs soutiennent que les Autruches sont indisciplinables, et qu'on trouvera difficilement le moyen de les guider.

Buffon, en particulier, est de cette opinion (1). « Tout cela prouve, dit-il, que ces animaux, sans être absolument farouches, sont néanmoins d'une nature rétive, et que si l'on peut les apprivoiser jusqu'à se laisser mener en troupeaux, revenir au bercail et même à souffrir qu'on les monte, il est difficile et peut-être impossible de les réduire à la main du cavalier, à sentir ses demandes, comprendre ses volontés et s'y soumettre. L'Arabe, qui a dompté le cheval et subjugué le chameau, n'a pu encore maîtriser entièrement l'Autruche ; cependant jusque-là on ne pourra tirer parti de sa vitesse et de sa force, car la force d'un domestique indocile se tourne presque toujours contre son maître. »

Le jugement porté par ce naturaliste distingué, vrai peut-être lorsqu'il s'agit des Autruches adultes simplement apprivoisées, pourrait, ce me semble, être modifié à la suite d'une domestication plus avancée et d'une éducation régulière des jeunes Autruches.

Parmi les preuves en faveur de ce résultat, l'épisode suivant du voyage de Richardson me paraît devoir être signalé. « Une Autruche, raconte-t-il, prise à Seenawan, fut amenée ici

(1) *Hist. nat. des Oiseaux*, t. I, p. 446.

et présentée au raïs. Son Excellence promit de me la donner, si je revenais du Soudan par la voie de Ghadâmès. C'était un jeune oiseau qui nous amusait beaucoup; il parcourait les rues et ramassait toutes choses, comme un chiffonnier. Les gens du peuple cherchaient à le faire coucher au commandement. L'un criait : *Kaed* (couche-toi!); l'autre répétait *kaed*, et à la fin l'oiseau, étourdi et stupéfait, se coucha.» (*Travels in the Great Desert of Sahara*, t. I, p. 360.)

D'autres voyageurs anglais dans l'Afrique méridionale reconnaissent que les Autruches sont dociles à la voix de leur maître et d'une agréable familiarité.

Quant aux moyens matériels de parvenir à les guider, j'avais pensé tout de suite que les organes de la vue chez l'Autruche devaient nous offrir le plus de ressources, parce qu'ils étaient la boussole de toute son existence. L'idée me parut assez rationnelle, mais elle était loin d'être neuve; car on m'apprit plus tard qu'elle avait déjà germé dans l'imagination de l'auteur d'un roman populaire, *le Robinson suisse*.

Cela ne m'a pas empêché de rechercher si la pratique répondait à la théorie.

Déjà, lorsque nous pesâmes l'Autruche femelle du Jardin des Plantes, nous n'avions réussi à l'arrêter qu'en lui bouchant les deux yeux; il s'agissait maintenant de savoir si, en bouchant l'un ou l'autre des yeux, l'animal se dirigerait dans un sens opposé. Grâce à l'aide de M. Perrot (Edmond), membre de notre Société, de M. Auguste Lantz, préparateur de zoologie au Muséum, et de M. Renier, je parvins à fixer alternativement sur les yeux un opercule de caoutchouc. Le résultat répondit complétement à mon attente, autant du moins que le permettaient l'étroitesse et la forme de l'enclos, et l'oiseau n'eut pas l'air d'être incommodé de cette espèce d'œillère.

Il me paraît donc prouvé qu'on possède un moyen simple et facile de guider l'Autruche.

Au reste, l'emploi des Autruches comme monture n'est pas une invention nouvelle.

Les indigènes de l'Afrique en ont souvent profité. Moore

rapporte (1) que, le 12 novembre 1731, il passa par Joar une Autruche chargée d'un homme qui l'emmenait à Fatatenda, d'où Connor, chef du comptoir, l'envoyait au gouverneur de Jamesfort, sur la Gambie.

La collection de Pinkerton représente aussi une Autruche montée par un nègre adulte (2).

L'histoire nous fait connaître que les empereurs romains faisaient figurer des Autruches montées dans les courses du Cirque pour amuser le peuple.

Vopiscus nous dit qu'un certain tyran d'Égypte, nommé Firmus, les employait à son usage (3).

Vallisnieri en cite un exemple qui se passait à Venise (*ouvr. cit.*).

Et de nos jours les directeurs d'hippodromes ont attiré la foule par des exhibitions de ce genre.

Mais ce qui distingue surtout l'Autruche, c'est son caractère éminemment sociable. A l'état sauvage, elle vit ordinairement en famille ou en troupes ; les jeunes n'abandonnent pas leurs parents et restent avec eux jusqu'à l'âge adulte. Il paraîtrait même que les rapports des sexes ne relâchent pas les liens de famille. Si l'on doit en croire les Arabes, « aussitôt l'union consommée, la femelle ne veut plus se séparer du mâle ; elle ne le quitte pas jusqu'à l'époque où les petits sont élevés. Les chevaux se battent pour les juments, les chameaux pour les chamelles ; jamais les Autruches mâles ne se livrent de combats à propos de leurs femelles. Les amours de chaque couple sont respectés de tous. » (*Chevaux du Sahara*, p. 277.)

Cet instinct de sociabilité explique la communauté des nids, ainsi que la rencontre dans le désert de troupeaux composés quelquefois de 2 à 300 têtes.

(1) *Histoire générale des voyages* de l'abbé Prevost, t. III, p. 84.

(2) *Voyage to Senegal*, cap. XVI, p. 619.

(3) *Flavii Vopisci Syracusii*, in Firmum proconsul. Ægyptiæ, dans les *Scriptores Historiæ romanæ latini veteres*, t. II, p. 421 :

« *Firmum eumdem inter crocodilos unctum crocodilorum adipibus* » *natasse, et elephantum rexisse, et hippopotamos edisse, et sedentem in-* » *gentibus Struthionibus vectum esse et quasi volitasse.* »

Plusieurs relations de voyages dans l'intérieur de l'Afrique font mention de troupes d'Autruches paissant familièrement au milieu des girafes, des couaggas, des zèbres et des antilopes (Richardson, Lichtenstein, Burchell).

Celles qui sont apprivoisées par les Arabes, non-seulement vivent sous la tente en compagnie des chiens et des chevaux, mais même les accompagnent à la chasse.

« Elles sont fort gaies et folâtrent avec les cavaliers, les chiens, etc. Passe-t-il un lièvre, tous les hommes s'élancent à sa poursuite, l'Autruche s'émeut, se précipite du côté où se dirige la course et prend part à la chasse. » (*Chevaux du Sahara*, p. 278.)

La facilité avec laquelle les Autruches, jeunes et adultes, s'attachent à l'homme est un autre trait saillant de leur caractère, et, de tous temps, les habitants de l'Afrique en ont profité pour accaparer ce bel oiseau. Claude Jannequin nous en donne une peinture animée dans son style naïf de l'époque (*ouvr. cit.*, chap. XXIV, p. 157) : « Parlant donc de ses proprietez, que j'en ai pu reconnoistre, je diray que ce non volatil oyseau est extrêmement domestique, et si privé, qu'étant élevé jeune hors des forests et nourri parmy quelque famille, il fera auprès de ceux parmy lesquels il sera élevé, ne plus ne moins qu'un petit chien barbet, autant de tours que vous en voudrés faire à la promenade et même se rendra si familier, que lorsque vous prendrez vostre repas (si vous luy donnez la liberté de vous approcher), il vous ostera la viande que vous porterez à vostre bouche sans vous faire aucun mal, se jouant autour de vous comme de jeunes singes, faisant mille tours et cavalcades, tournant dans sa course plus court que ne pourroit faire un cheval instruit dans le manége toute sa vie. »

« Il y a beaucoup d'Autruches dans le pays de Sennaar, » dit Lapanouse (*ouvr. cit.*, t. IV, p. 103) ; « on en élève dans les maisons comme on élève ailleurs la volaille. »

Bruë s'était procuré, en mai 1714, deux Autruches à Serinpate ; il fut très surpris de les trouver apprivoisées en arrivant au fort Saint-Louis (1).

(1) *Histoire générale des voyages*, t. III, p. 608.

Les fermiers des environs du Cap en élèvent aussi, et les laissent pâturer en liberté dans le voisinage sans qu'elles essayent jamais de fuir dans le désert (1).

Adanson soutient « qu'elles s'apprivoisent même sans soins, par la seule habitude de voir les hommes, d'en recevoir de la bonne nourriture et de bons traitements (2). »

De nos jours, on rencontre les Autruches sous les tentes des chefs arabes. Ce sont principalement les jeunes qui s'affectionnent à leurs maîtres et à leur domicile. « Ces petites Autruches s'apprivoisent aisément ; elles jouent avec les enfants et dorment sous la tente ; dans les déménagements, elles suivent les chameaux ; *il est sans exemple qu'une d'elles, ainsi élevée, ait pris la fuite*. . . . .
Quand elle rencontre dans le douar un enfant ayant à sa main quelque chose à manger, elle le met doucement par terre et cherche à lui enlever ce qu'il porte. » (*Chevaux du Sahara*, p. 277.)

M. Prisse d'Avennes m'a dit avoir vu, en 1837, les Autruches privées de Khalil-Bey, gouverneur à Esné, se promener librement dans la ville et les environs, visiter les marchés et rentrer chaque soir au palais.

M. Le Picard, attaché en 1809 au cabinet topographique impérial et qui avait résidé plusieurs années au Sénégal, avait été témoin d'un fait semblable.

Et cet attachement de l'Autruche pour le lieu de sa naissance, ou plutôt pour son domicile adoptif, s'accompagne d'un instinct bien remarquable, qui nous rappelle celui des pigeons voyageurs. C'est-à-dire qu'à travers les déserts sans bornes, et sans avoir besoin de boussole, elle retourne en ligne droite à son domicile, lorsqu'on l'en a éloignée. Cette circonstance curieuse nous est signalée par des voyageurs modernes qui ont pénétré dans l'intérieur de l'Afrique et qui en ont été témoins.

L'instinct de la paternité n'est pas moins prononcé. La plupart des voyageurs nous racontent des traits qui indiquent une

(1) *British Cyclopædia of Natural History*, t. III, p. 365.
(2) *Cours d'hist. nat.*, t. I, p. 376.

prévoyance remarquable, un attachement très grand des parents, et surtout des mâles, pour leur progéniture. Si pendant l'incubation ils sont surpris par les chasseurs, ils ne cherchent pas à s'éloigner du nid, à fuir au loin en ligne directe pour se soustraire au danger, mais se bornent à courir en cercle dans les environs, et cette circonstance permet aux cavaliers de s'emparer par la ruse des malheureux oiseaux. C'est le mâle qui, après avoir couvé toutes les nuits pour protéger efficacement les œufs contre les animaux sauvages, s'occupe de leur éclosion, de la première nourriture. Les petits, aussitôt séchés par le soleil, suivent leurs parents au pâturage, et dans le nid viennent toujours se placer sous leurs ailes. « Les Arabes chassent les petits de l'Autruche ; la méthode est très simple. Une fois sur les traces et à peu de distance des Autruches, ils poussent des cris ; les petits épouvantés se réfugient auprès de leur père et de leur mère, qui s'arrêtent, et les chasseurs viennent, en dépit du mâle, les prendre sous leurs yeux. Le mâle (*delim*) est alors agité à l'excès, il manifeste la plus vive douleur. » (*Chevaux du Sahara*, p. 277.) Il ne craint pas quelquefois d'affronter les ravisseurs eux-mêmes en s'élançant sur eux au risque de sa vie, et si l'on parvient à s'en emparer « et qu'on le saigne, surtout devant ses petits, il pousse des gémissements lamentables. »

Enfin l'excès de timidité qu'on leur a attribué pourrait bien n'être que la conséquence de la chasse incessante qu'on leur a faite dans certaines contrées et de la frayeur qu'on inspire aux jeunes Autruches ; car Richardson nous apprend qu'étant arrivé, avec une caravane, sur le plateau d'Hamala, où on ne les inquiétait point, ils eurent, le 1er janvier 1851, « le beau spectacle d'un troupeau de onze Autruches paissant tranquillement auprès d'eux, comme autant de brebis, et ne montrant aucune disposition à s'enfuir. »

CHAPITRE X.

Des maladies dont sont atteintes les Autruches captives ou privées.

En comparant les habitudes normales de l'Autruche à l'état sauvage, ou les conditions météorologiques de son pays natal, avec les positions déplorables dans lesquelles on place souvent cet oiseau, lorsqu'il est réduit à l'état de captivité, on s'étonne beaucoup moins des échecs qu'éprouve sa santé, que de la résistance vivace qu'il oppose aux influences les plus désastreuses.

En effet, d'un côté, l'animal libre, prenant un exercice violent dans des plaines immenses, exposé à un soleil vivifiant, respirant un air sec, chaud et renouvelé ; de l'autre, une triste réclusion dans une enceinte étroite, dans des climats souvent humides et froids, sous un ciel nébuleux, sur des terrains humides et ombragés. Quel contraste ! Et que deviendrait l'homme, l'animal cosmopolite par excellence, soumis à de pareilles épreuves ?

Si donc je jette un coup d'œil sur les maladies observées chez les Autruches captives, mon but n'est pas tant de faire une excursion dans le domaine de la médecine vétérinaire que de signaler quelques causes de mécompte auxquelles on s'expose en soumettant cet animal, sans précautions, aux chances de la captivité.

Trois localités principales, Paris, Marseille et le Cap, m'ont servi de point de départ dans cet aperçu (1).

(1) Le retard qu'a éprouvé la publication de mon Mémoire m'ayant permis de visiter à Anvers, au mois de septembre de cette année, le magnifique établissement connu sous le nom de *Jardin royal de zoologie*, j'ai pu recueillir de la bouche de son habile directeur-adjoint, M. Jacques Vekermans, quelques informations précieuses sur les Autruches qui s'y trouvent et sur les maladies dont elles ont été atteintes. J'en profite pour les insérer ici sous forme de notes.

A Paris, dont on connaît le climat humide et très souvent nébuleux, mais pour l'ordinaire assez tempéré malgré quelques jours de gelée, les Autruches ont été renfermées, au Jardin des Plantes, dans un enclos fort resserré, au milieu d'arbres à feuillages épais, dans un bas-fond humide. Leur abri est un pavillon mal fermé, qui ne préserve pas les animaux du froid ni des courants d'air et qu'on ne chauffe que lorsqu'il y a 6 degrés de froid au dehors. Dans cet espace obscur de quelques mètres de surface, garni d'une litière de paille, les pauvres Autruches sont obligées de passer non-seulement les nuits, mais de végéter pendant les jours nombreux de pluie ou de brouillards. Et l'on s'étonnerait de la mortalité qui les poursuit ! Depuis 1838 à février 1856, il en a péri, il est vrai, 24 ; mais aussi nous en voyons qui ont résisté pendant seize ans, grâces aux soins intelligents que leur a donnés leur gardien, et à la surveillance qu'exerce, soit l'honorable professeur qui en est chargé, soit son aide zélé et actif, M. Florent Prevost (1).

Quelques-unes des maladies suivies de mort peuvent être considérées comme accidentelles. Parmi les causes de ces accidents, il faut placer l'ingurgitation de corps étrangers métalliques et très volumineux, ou d'une forme tranchante ou acérée (2). C'est le cas de l'Autruche qui avait avalé les clous, c'est le fait de celle qui se coupa la gorge avec des morceaux de verre. — Une des prisonnières s'est étranglée en passant la tête dans les treillis de fil de fer. — Enfin une des Autruches, encore vivante, a eu le croupion rongé dans la nuit par un rat, qui trouvait sans doute un fort bon goût à sa graisse.

Mais les causes de maladies qui ont prédominé sont les variations de température ou le froid humide, joints à l'in-

(1) Cependant, il faut le dire, l'administration du Muséum n'est point restée indifférente à ces mécomptes, et depuis longtemps elle se proposait de faire construire une nouvelle oisellerie ; mais le défaut de place et le manque d'argent lui ont fait ajourner jusqu'à ce jour une amélioration aussi désirable, même sous le rapport économique.

(2) Il paraîtrait que, dans la plupart des cas de ce genre, il y a eu indigestion plutôt qu'empoisonnement, quoique souvent l'estomac contînt des morceaux de cuivre oxydé.

fluence d'un exercice insuffisant pour les habitudes de l'animal. On a remarqué que, lorsqu'une Autruche avait été saisie par le froid humide et tombait malade, elle cessait de suite de manger, devenait triste et immobile ; et si c'était le mâle qui fût atteint, la couleur rosée de son cou et de ses cuisses tendait à pâlir. Il survenait alors une espèce de mouvement convulsif du cou qui se terminait par la mort. — La dernière Autruche, arrivée brusquement d'Algérie à Paris, au moment du plus grand froid que nous ayons eu cet hiver, a succombé vraisemblablement à ce genre de maladie, car la dissection m'a montré que tous les organes étaient sains. — Un des mâles, originaire d'Égypte, qui est encore vivant, a éprouvé dès lors et de temps à autre de légers accès de convulsions, mais sans paraître en souffrir.

D'autres fois elles sont prises d'une toux rauque, d'un écoulement des narines, symptômes qui indiquent la présence d'une bronchite ou d'une véritable inflammation du tissu pulmonaire.

M. Emmanuel Rousseau, qui a eu l'occasion de disséquer quelques-uns de ces oiseaux, a trouvé, chez l'un d'eux, dans son obésité excessive la cause de sa mort (1). Une autre avait des abcès dans les ovaires. Chez une troisième, il existait un tubercule sur le cerveau au confluent des sinus ou pressoir d'Hérophile. Enfin une quatrième était atteinte d'une phthisie laryngée.

J'ai eu l'occasion de faire, le 3 mars, l'ouverture de la dernière Autruche morte le 27 février dernier au Jardin des Plantes, et j'ai trouvé la grappe de l'ovaire dans un état d'altération considérable, ayant acquis un volume de 15 centimètres environ de longueur, sur 13 centimètres de largeur et composée d'un grand nombre d'appendices pyriformes, pédi-

(1) Il ne faut pas perdre de vue que l'Autruche est naturellement disposée à s'engraisser, mais que cette abondance de graisse, que nous prisons comme un bénéfice pécuniaire, constitue chez l'animal, lorsqu'elle est excessive, une prédisposition maladive, qui s'accompagne de gêne de la circulation. Je suis même disposé à croire, par analogie, que l'obésité des Autruches captives, favorisée par un exercice insuffisant, a pu contribuer à l'infécondité des œufs qu'on y a observée.

culés, plus ou moins volumineux. Quelques-uns de ces ovules dégénérés avaient acquis le volume d'un gros œuf de poule et contenaient une matière rougeâtre, fibrineuse, très friable, disposée par couches régulières concentriques et semblables au caillot d'un anévrysme; d'autres présentaient des sacs renfermant cette même substance ramollie et comme purulente. Il y avait, en outre, une péritonite assez intense, localisée du côté du rectum, le long de l'oviducte. Les estomacs pesaient 5 kilogrammes, dont 2 kilogrammes et demi de paille et de petit gravier siliceux. Cette paille était entière dans le ventricule succenturié, puis était broyée vers le bas du second estomac et réduite en pulpe verdâtre dans le gésier. La membrane villeuse de ce dernier, ramollie, se détachait par plaques. Le cerveau, les poumons, le foie et le cœur étaient sains en apparence.

Le résultat de cette ouverture, comparé à celui précédemment obtenu par M. le docteur Rousseau, a fixé mon attention sur une cause de maladies chez les Autruches captives, qu'engendre peut-être la cohabitation forcée des mâles et des femelles dans un même enclos. Nous avons vu que le mâle est très lascif, et la femelle ne pouvant se soustraire à ses importunités, il doit se produire une irritation maladive répétée des ovaires, et par suite des hémorrhagies ou la stérilité finale. Peut-être aussi cette question se rattache-t-elle à la fixation des rapports normaux qui doivent exister entre le nombre des mâles et des femelles dans chaque famille.

M. Renier, le faisandier de la Ménagerie, m'a fait, en outre, observer que ce n'est pas le froid sec qui est nuisible aux Autruches, et que grâce à la présence de leurs plumes duveteuses, il pouvait les faire sortir sans inconvénients, même par une température de 2 degrés centigrades au-dessous de zéro; tandis que l'humidité, surtout les brouillards, leur était particulièrement contraire, quoique le thermomètre fût audessus de zéro (1). Enfin il a remarqué que l'exposition à une

(1) Cette observation fort importante est confirmée par l'expérience de plusieurs années au jardin zoologique d'Anvers. Le judicieux directeur-adjoint avait remarqué, en effet, que plusieurs animaux des pays chauds

pluie froide les tuait dans notre climat, vu que l'eau ne glisse pas sur leurs plumes comme chez les autres oiseaux, mais pénètre profondément, de sorte qu'elles ne se sèchent pas avec facilité, comme cela a lieu sous le soleil de l'Afrique. L'herbe fraîchement coupée dans notre pays, fade et aqueuse, détermine un dévoiement, lorsqu'on leur en donne une trop forte proportion; broutée, elle ne produirait pas vraisemblablement le même résultat.

A Marseille, en 1819, M. Notré m'a dit avoir vu des Autruches privées être atteintes de toux, d'écoulement des narines, en un mot de maladies pulmonaires. Il a vu aussi une Autruche, qui appartenait au préfet des Bouches-du-Rhône, périr quelque temps après qu'on eut eu l'imprudence de lui arracher en même temps un grand nombre de plumes des ailes et de la queue.

La santé des jeunes Autruches paraissait surtout souffrir de l'absence de leur climat natal, pareilles en cela à quelques autres espèces d'oiseaux, tels que les Dindes, les Paons, etc. Elles étaient extrêmement sensibles au froid. Celles qu'on élevait près de Toulon en 1819 étaient renfermées dans des chambres, garnies d'une litière de paille. Elles n'ont pas présenté la maladie qu'on appelle *gourme* chez les Faisans; mais elles sont toujours maladives, au sixième ou au septième mois, époque où le premier duvet ou plutôt les poils cornés, sont

supportent très bien une température basse habituelle, pourvu qu'elle s'accompagne de sécheresse. En conséquence il n'a point chauffé du tout l'habitation des Autruches, et l'hiver dernier elles ont été exposées à une température de moins de 12 degrés C., sans que leur santé en ait souffert le moins du monde. — Bien au contraire, chose imprévue, une insolation brusque et forte leur a été nuisible. — Sur les douze Autruches que la Ménagerie a possédées depuis sa création, elle en a perdu quatre: la première est morte précédemment dans un état d'amaigrissement, qui pouvait faire supposer une altération organique; les trois autres ont succombé subitement à des attaques d'apoplexie cérébrale, pendant les chaleurs fortes qu'il a fait cet été et à la suite de l'exposition prolongée et immobile de leur tête au soleil. M. V... a aussi insisté sur la sécheresse du terrain et sur l'établissement d'une literie épaisse, car il a fait la remarque que, sans cela, les pieds des oiseaux se gèlent très facilement.

remplacés par la nouvelle pousse de plumes ; c'est pour elles un temps critique, qui dure quelques jours et qui exige des attentions particulières, soit pour la température, soit pour le régime.

Au Cap, le climat est très variable : le thermomètre, qui s'élève dans la journée à 24° C., ne descend jamais au-dessous de + 12° C. Et cependant, M. Jules Verreaux a observé sur ses Autruches un grand nombre de phthisies pulmonaires avec tubercules et cavernes purulentes, souvent énormes, toux ou plutôt éternument bruyant et écoulement des narines. Ne pouvant s'expliquer la fréquence de cette maladie au Cap, par la simple impression du froid, il est disposé à croire qu'elle est due à l'état de réclusion dans lequel on tenait les Autruches, comme il arrive à d'autres animaux qu'on renferme dans les ménageries (1). Il a aussi rencontré, dans leurs intestins, beaucoup de ténias, surtout chez les jeunes. Enfin les ophthalmies étaient fréquentes et pouvaient être attribuées, soit à l'introduction d'un sable fin, malgré la présence d'une forte membrane clignotante, soit à la violence des vents. On était sûr, au Cap comme à Paris, qu'un de ces animaux devenait malade dès qu'il refusait de manger.

(1) Cette remarque a encore plus de valeur pour les Autruches que pour beaucoup d'autres animaux dont les facultés locomotrices sont moins développées ; mais il s'y joint une autre cause pour les Autruches adultes, habituées à l'indépendance la plus complète : c'est qu'elles peuvent être attaquées de nostalgie et consécutivement de phthisie, tout aussi bien que nos montagnards indépendants.

DEUXIÈME PARTIE.

PLAN DE DOMESTICATION DE L'AUTRUCHE EN ALGÉRIE.

Quoique les documents que nous possédons sur l'Autruche soient encore fort incomplets, il me semble que l'on peut admettre dès à présent, sans crainte d'être taxé d'exagération, la possibilité de sa domestication (1).

Il s'agit donc d'en faire l'essai, en ne négligeant aucune des conditions qui doivent contribuer à sa réussite. Or certes on ne pouvait l'entreprendre dans des circonstances plus favorables, car le gouvernement français, qui tient à faire prospérer l'Algérie, ne que peut l'appuyer, et déjà M. le général Daumas

(1) M. le professeur Isidore Geoffroy Saint-Hilaire, dans son mémoire sur la *domestication des animaux* (*Essais de zoologie générale*, p. 257. 1 vol. in-8, Paris, 1841), avait déjà distingué, en 1841, trois degrés parmi les rapports qui s'établissent entre les animaux et l'homme, ce qui n'empêche pas que beaucoup de personnes confondent encore aujourd'hui la *domestication* avec l'*apprivoisement*. Cependant ces deux conditions d'existence sont très différentes. L'une consiste dans la transformation d'une race, l'autre dans une modification d'habitudes individuelles ; la première est une affaire de temps et de générations, la seconde s'obtient à peu de frais et plus ou moins promptement. — Le degré d'intelligence de l'animal n'entre souvent que pour peu de chose dans le procédé de la domestication ; les plus intelligents ne sont pas toujours ceux qui se domestiquent le plus facilement : témoin le canard, la fouine, le castor, etc., etc. ; tandis que la dinde stupide est plutôt domestique qu'elle ne s'apprivoise. — L'habitude de vivre en société seule ne suffit pas toujours pour favoriser la domestication de certaines espèces. Mais le genre de nourriture paraît exercer l'influence la plus directe. Les carnassiers sont très difficilement domesticables, les herbivores et les omnivores y sont, au contraire, plus disposés. Nous avons vu que l'Autruche faisait partie de cette dernière catégorie.

m'en a donné des preuves non équivoques, en me fournissant libéralement des directions et des conseils.

Je vais chercher à les mettre à profit pour organiser le plan de ce genre d'établissement.

La première condition est le choix des localités propres aux expériences.

Sous ce rapport, on ne peut mettre en doute la convenance de s'établir auprès du sol natal des Autruches, sur les limites du Désert, au sud de l'Atlas, et dans les lieux où sont établis des postes militaires.

Ceux qui m'ont été signalés comme les plus convenables seraient :

Dans la province d'Oran, Sebdou, au sud de Tlemsen; Saaïda, au sud de Mascara, et Tiaret, au sud d'Orléansville.

Dans la province d'Alger, El-Aghouat, soit Laghouat, à 120 lieues au sud d'Alger; El-Byod, à 80 lieues au sud de Cherchell; Djelfa, entre Boghar et Laghouat;

Dans la province de Constantine, Bou-Saada, à 70 lieues de la mer, au sud de Dellys; Biscara, soit Biskra, à 80 lieues du littoral, au sud de Djijelly, et Tébessa, au sud de Bône.

Ces diverses localités ne sauraient toutefois être également favorables : le degré de température pendant l'hiver, la facilité des communications, la proximité des pâturages, de l'eau potable, le plus ou moins de sécurité, suivant les dispositions des indigènes, etc., etc., doivent établir entre elles des différences qui méritent d'être étudiées sur les lieux, avant de fixer un choix définitif.

En attendant, je crois pouvoir conseiller, comme première étape, les oasis du Ziban, dont Biscara est le chef-lieu, sur lesquelles nous possédons des informations précises et qui me semblent réunir le plus de conditions favorables. Le docteur Guyon peut nous servir de guide à cet égard (*Voyages d'Alger aux Zibans*).

Biscara est située au 3°,22 longitude est, et 34°,57 latitude nord, à 232 kilomètres sud de Constantine, à 297 kilomètres sud-est d'Alger, et à 228 kilomètres nord-ouest de Tuggurth.

Le climat est sec et chaud, l'été long, l'hiver court, les chaleurs sont fortes, surtout lorsque règne le vent du Désert; mais l'hiver est un printemps de l'Europe méridionale. De 1845 à 1849, le minimum de chaleur a été + 1° C. 5 et le maximum de 48° C., la température moyenne de 28° c. 30. Les variations de température sont assez brusques : elles peuvent être de 20° C. dans la même journée. Les brouillards ne sont pas rares en automne, mais ne durent pas. Les orages sont fréquents en été et en automne. Quoique l'eau de la rivière Oued-el-Cantara soit mauvaise, surtout en été, elle ne manque jamais. Les dattes sont abondantes, et les Autruches trouveront à pâturer diverses plantes sauvages, telles que l'alfa et le guetef ou gaef (*Atriplex halimus*, Linn.). On peut se procurer avec facilité des œufs d'Autruche, qu'on recueille dans le désert voisin. Enfin la domination française y est solidement établie et respectée, et les communications avec le Nord de l'Algérie y sont plus faciles que partout ailleurs.

Une fois le lieu choisi, si, d'après ce qu'on assure, il y a des difficultés grandes à se procurer un nombre suffisant de très jeunes Autruches, on s'occupera sans retard de vider la question de l'incubation artificielle, dans cette même localité. Je comprends qu'on désire essayer l'incubation artificielle en dehors de l'Algérie méridionale ; mais commencer par là et s'en tenir là me semble du temps perdu, une affaire de pure curiosité et une économie mal entendue. D'ailleurs personne n'ignore l'influence souvent fâcheuse du transport lointain des œufs sur la vitalité des germes.

On se procurera donc des œufs d'Autruche de l'année, transportés avec le moins de secousses possible, enveloppés d'étoupes, et on s'assurera de leur fécondité ; puis couchés obliquement et le petit bout en bas, ils seront soumis , dans une couveuse bien construite et d'une capacité suffisante, à une chaleur soutenue et graduellement élevée de 38° à 45° C. pendant au moins soixante jours. Peut-être, dans les derniers temps, conviendra-t-il d'élever encore la température de quelques degrés par moments, s'il est vrai que la température du sable du Désert, en contact avec les œufs, aille jusqu'à 60° C. dans le milieu du jour.

Toutes opérations devront être faites ou surveillées jour et nuit par des hommes pratiques, intelligents, soigneux et persévérants, portant un intérêt à la réussite, et un journal régulier en sera rédigé. La science a bien son mérite et son mot à dire dans ce cas, mais sans l'aide du praticien elle devient illusoire quant aux résultats.

Admettant la réussite de l'expérience, il faudra, en second lieu, obtenir la concession d'un terrain vaste et convenablement disposé pour y fonder l'établissement éducatif des Autruches.

Ce terrain devra être à la proximité de la station militaire, si possible sur le penchant sud d'une colline, ou du moins sur une surface en pente, et offrir la facilité de se procurer de l'eau dans le voisinage. Il sera alors clos d'une enceinte solide, qu'on pourra former économiquement avec une plantation de végétaux épineux et serrés, de Cactus, de Robinias, etc., etc.

Dans cette enceinte très spacieuse, on établira des clos particuliers pour séparer à volonté certaines parties du troupeau. Elle renfermera aussi l'habitation du directeur et des employés, les magasins de provisions, et de plus, sur l'endroit le plus élevé, un vaste hangar fermé du côté du nord, ou du côté d'où viennent les vents froids et la pluie. Ce hangar servira à la manutention, et de lieu d'abri pour les Autruches, en cas de pluie ou d'orage. Il serait aussi prudent de préparer d'avance une espèce d'infirmerie, afin de pouvoir isoler tout de suite les oiseaux malades, et d'éviter ainsi les chances d'épizooties contagieuses (1).

L'établissement une fois fondé, on procédera chaque année, ou deux fois par an, aux incubations artificielles, et les petites Autruches, au moment de l'éclosion, seront placées dans une chambre bien abritée et garnie d'une litière suffisante. Toutes

(1) Le directeur ne négligera pas de tenir note exacte des maladies qui pourront survenir, de leurs symptômes, de leurs causes présumables, du traitement essayé et du résultat favorable ou fâcheux. Des ouvertures cadavériques seront pratiquées en cas de mort, pour constater les accidents. Il aura soin aussi de signaler la nature des épizooties qui pourraient se déclarer.

les fois que le temps le permettra, elles pourront en sortir et y rentrer à volonté; mais si les nuits sont froides, elles y seront renfermées, et cela jusqu'après la première mue (1).

Leur nourriture première sera, comme nous l'avons dit, principalement animale, viande hachée, larves, insectes, petits reptiles, œufs cuits, etc., etc. A cet effet, il sera avantageux de recueillir et de sécher des sauterelles, dans les saisons où elles paraissent avec abondance. En Europe, les hannetons pourraient rendre le même service. En seconde ligne, on leur donnera du pain, des graines de céréales ou de légumineuses, de l'orge par exemple, et, si l'on peut faire croître de l'herbe dans une partie de l'enceinte, on les laissera brouter à volonté.

On réglera tout de suite leurs repas, en ayant soin de ne les leur donner que dans l'édifice qui leur est consacré, et en réservant pour le soir la nourriture qui leur agrée le mieux. On évitera de leur donner trop à manger à la fois, et deux ou trois repas me paraissent suffire dans le principe, c'est ce que l'expérience enseignera à l'éducateur; et si l'on s'aperçoit que le jeune oiseau répugne de manger sa nourriture ordinaire, on se gardera bien de tenter sa gourmandise par autre chose.

Dans le moment de la mue, ou dans les temps d'orage ou de pluie, on redoublera d'attentions, pour les mettre à l'abri des refroidissements, de l'humidité et des indigestions.

Il va sans dire que l'entretien d'une propreté journalière et d'une aération répétée dans le domicile clos des jeunes Autruches sera une condition essentielle, imposée aux employés subalternes et contrôlée par les supérieurs.

La plus grande douceur envers ces animaux leur sera recommandée, afin de développer en eux l'attachement instinctif au lieu de leur naissance et la bienveillance ou la familiarité envers les hommes avec lesquels ils doivent vivre, ou envers les étrangers qui viennent les visiter. Par conséquent, point de coups, point de répressions violentes quelconques.

(1) Ces précautions contre les refroidissements sont d'une haute importance et doivent remplacer les soins de la mère, qui, comme nous l'avons dit, n'abandonne jamais ses petits et les abrite sous ses plumes duveteuses, dès que la température atmosphérique s'abaisse.

En même temps, on aura soin d'élever avec eux toutes sortes d'animaux, des chiens, des chats, des moutons, des chèvres et même des chevaux, si l'on en a la possibilité. On les habituera insensiblement aux bruits éclatants ou brusques, aux coups de pistolets, à prendre leurs repas au son d'une trompe de rappel; en un mot, on détruira autant que possible leur disposition naturellement plus timide, en leur enlevant toute idée de crainte ou de danger.

Lorsque les Autruches grandiront, on s'attachera à distinguer les mâles des femelles, afin de soumettre dès le bas âge, à de certaines habitudes, les jeunes mâles, qui plus tard pourront être utilisés autrement que pour les plumes. Ainsi on les habituera à se coucher à volonté au commandement, ou en appuyant la main sur leur dos, et cela en répétant cet exercice chaque jour. On pourra aussi les habituer à supporter des sangles, des poids légers, une espèce de bride. Ils seront donc plus que les autres familiarisés avec le joug, le bruit et un certain degré d'obéissance passive, pour les préparer aux épreuves souvent douloureuses qu'on leur fera subir plus tard. En même temps, on aura soin de récompenser régulièrement leurs progrès par un supplément de nourriture favorite. Tout ceci est encore une affaire d'expérience.

Une fois les jeunes Autruches parvenues à l'âge d'un an, on pourra, sans inconvénients, les transporter et les acclimater dans des régions plus froides, près des côtes de l'Algérie ou dans le midi de la France, si l'on trouve convenable de multiplier les essais de domestication, ou bien on donnera plus d'extension aux établissements déjà créés sur les limites du désert.

On s'occupera, dans ce dernier cas, de former des troupeaux de 20 à 30 individus, sans séparer d'abord les mâles des femelles, malgré la lasciveté des premiers, afin de ne pas trop s'écarter, dans le début, des mœurs de l'animal sauvage. Plus tard on trouvera peut-être convenable de le faire pour éviter les inconvénients que j'ai signalés en parlant des mœurs des Autruches et des maladies des ovaires chez celles qui sont captives. C'est la pratique qui nous guidera.

Les femelles seront destinées à la ponte ou à l'engraissement. Quant à la ponte, on pourra essayer de l'accélérer ou de la prolonger, comme chez les Poules, par une nourriture tonique plus abondante ; mais on évitera de donner trop à manger aux femelles qui doivent fournir les œufs destinés à l'incubation, de crainte que l'embonpoint ne puisse nuire peut-être à la fécondation des œufs.

Si, après avoir pondu, elles avaient quelque velléité de couver, il ne faudrait pas s'y opposer, mais la favoriser au contraire, en renfermant dans un enclos séparé, et loin du bruit, les femelles couveuses.

Les œufs provenant des femelles domestiquées et reconnues fécondes *seront seuls employés dans les incubations artificielles entreprises ultérieurement*, car ce n'est qu'après plusieurs générations successives qu'on parviendra à domestiquer définitivement l'Autruche. On ne ferait d'exception à cette règle que dans le cas où, voulant améliorer ou modifier la race d'Autruches d'Algérie, on ferait venir pour les faire couver des œufs, soit du Sennaar, soit de Mogador, soit du Cap, soit de toute autre région de l'Afrique.

La chair de l'Autruche femelle a toujours été considérée comme plus délicate que celle du mâle, et son engraissement comme des plus faciles ; la domestication ne pourra que favoriser ces qualités et ces dispositions.

Les mâles doivent fournir les plumes et servir de monture, si on le juge convenable.

On n'attendra pas que les plumes des ailes ou de la queue tombent naturellement pour les recueillir ; mais il faudra les arracher à l'animal, comme je l'ai dit précédemment, lorsqu'elles auront atteint leur plus grand développement, ou qu'elles seront dans leur plus grande fraîcheur. Cet arrachement devra être fait dans un sens perpendiculaire et en tordant, en même temps que le corps de l'aile sera maintenu dans une position fixe ; mais on agira avec prudence, afin de ne pas développer, vers la racine, un état inflammatoire trop violent, ce qui pourrait nuire à la poussée normale des nouvelles plumes. On aura soin également de n'arracher qu'une ou deux plumes à la fois, sans répéter l'opération le même jour. Enfin on fera prendre à l'animal son supplice en patience, en l'alléchant par un supplément de nourriture. Quoique la torsion des plumes prévienne les hémorrhagies, si elles avaient lieu, on étancherait tout de suite le sang, afin d'éviter les taches aux plumes voisines.

A-t-on plus tard l'intention de se servir de quelques-unes des Autruches mâles comme de coursiers ou comme bêtes de somme, on choisira pour cet emploi les plus vigoureuses ou de forte taille, on leur adaptera une selle légère, dans la forme de celles dont les Arabes font usage pour les Chameaux, avec un pommeau saillant devant et derrière. Cette selle sera maintenue à l'aide d'une sous-ventrière et d'une sangle passant sur le devant de la poitrine, de manière que le centre de gravité du cavalier, dont les jambes seront croisées en devant, soit plutôt en arrière de l'axe des pattes de l'animal, et que le jeu des ailes ne soit pas gêné.

La construction de la bride offre plus de difficultés, en raison de la disposition anatomique des diverses parties de la tête. Je ne me permettrai pas d'en suggérer un modèle, laissant à des hommes plus compétents le soin de l'organiser. Je dirai seulement que la callosité du sommet du crâne me paraît devoir servir de point d'appui et de point de départ à deux plaques métalliques minces et étroites, qui, descendant entre les yeux et les oreilles, soutiendraient des œillères mobiles et à charnières. Ce sont ces œillères, munies de légers ressorts, qui, maintenues ouvertes ou fermées en même temps, permettraient de faire avancer l'animal directement en avant, ou de l'arrêter tout à coup, et qui, ouvertes ou fermées alternativement, serviraient à le diriger dans un sens ou dans un autre.

On conçoit que l'Autruche, une fois subjuguée et guidée, on puisse tirer parti de sa vitesse et de sa force, et qu'on parvienne également à utiliser cet instinct merveilleux qui lui fait retrouver son domicile à travers des solitudes inconnues, pour s'en servir comme de coursier et de guide dans le désert.

Quant à la nourriture des adultes, elle se réglera sur les saisons, ou sur les phases de l'éducation et la destination de l'animal.

En hiver, lorsque les pluies auront fait pousser les végétaux dans les bas-fonds, ou les plaines le long du désert, on les y mènera paître dans la journée et on les ramènera chaque soir dans les parcs. Ce soin sera dévolu à un petit berger, lequel, monté sur un mâle porteur, et accompagné d'un chien de garde, dirigera le troupeau et l'avertira de l'heure de la retraite à l'aide d'une trompe. Une fois rentrées, on distribuera à chaque Autruche quelques poignées de sa nourriture favorite. Cette nourriture est la graine d'orge, la plus facile à se procurer en Algérie et la moins coûteuse (4 à 5 francs l'hectolitre).

Dans la saison d'été, on se réglera, pour la nourriture, sur les données que nous ont fournies les établissements de Paris, d'Anvers et du Cap ; en se rappelant qu'à cette époque de l'année, les Autruches ont moins besoin d'une nourriture substantielle. 1 litre ou 1 litre 1/2 d'orge pour le repas du soir, et dans la journée une ration de feuilles ou de fruits desséchés, ou d'herbes sauvages sèches et hachées (1), suffiront sans doute. On ajoutera des débris de viandes ou de légumes, si l'on en a à sa disposition. Dans les temps de disette, on pourra même remplacer en partie leur nourriture habituelle par des os concassés qu'elles digéreront parfaitement. Enfin, nous avons l'expérience qu'en cas de besoin, on peut les laisser jeûner sans grands inconvénients pendant quelques jours, surtout au sortir de l'hiver, et lorsqu'elles ont acquis de l'embonpoint.

Les femelles destinées au couteau ou à l'engraissement, et parquées séparément, recevront une nourriture à part. Comme il est prouvé que les qualités de la viande et de la graisse dépendent surtout de la nature des aliments, et qu'une viande trop animalisée est nuisible à l'homme, on se bornera pour elles à un *régime purement végétal* plus abondant et plus

(1) Cette provision de feuilles et d'herbes sèches se fera en hiver, à l'époque de la pâture, et les Autruches elles-mêmes pourront rapporter chaque soir à l'établissement, sur leur dos et dans des filets, la récolte de la journée.

choisi. On évitera les végétaux amers ou d'une odeur désagréable ; et les fruits sucrés, les dattes, par exemple, seront un moyen d'accélérer l'engraissement.

Dans tous les cas, on insistera, pour les oiseaux adultes comme pour les jeunes, sur la régularité des repas, qui auront lieu toujours à heure fixe et au son de la trompe.

Je pourrais entrer dans d'autres détails d'exécution, et examiner en particulier ce qu'il y aurait à faire, si, contre toute attente, les incubations artificielles venaient à échouer ; mais déjà, messieurs, l'intérêt du sujet m'a entraîné bien au delà des bornes de la modération, et je ne puis qu'implorer votre indulgence pour les écarts de ma plume.

Trop heureux, si, grâce aux résultats avantageux que j'ai fait entrevoir, je puis espérer à ce prix et mon pardon et votre appui.

APPENDICE.

Depuis la lecture de mon Mémoire en février et mars 1856, il m'a été permis de recueillir de nouveaux documents qui m'ont paru devoir compléter le travail primitif, et appuyer les vues que j'avais émises : c'est ce qui m'engage à en donner ici quelques extraits.

Quelques-uns de ces renseignements se rapportent à l'Autruche du sud de l'Afrique. Ils sont fournis par M. Anderson, naturaliste suédois, qui de 1850 à 1854 a exploré la partie de ce continent qui s'étend au nord-ouest du Cap (1).

Les Autruches de cette région sont, comme nous l'avons fait remarquer précédemment, de forte taille, à en juger d'après celles tuées par l'auteur ; elles pèsent de 2 à 300 livres anglaises (de 14 onces). Il est des voyageurs qui prétendent qu'elles peuvent peser jusqu'à 350 livres.

M. Anderson n'estime pas beaucoup la chair de l'animal adulte sauvage, et la compare à celle du Zèbre. En revanche, les œufs ont toutes ses sympathies, et fournissent, dit-il, « un mets exquis aux voyageurs et aux naturels. » La coquille a une grande valeur, et sert à merveille pour contenir des liquides. Les Bushman n'ont guère d'autres vases ; ils les entourent d'un léger clissage, les bouchent avec du bois ou de l'herbe, et les portent même à cheval sans qu'ils se brisent. Les Boers s'en servent aussi dans la médecine vétérinaire. Après l'avoir réduite en poudre et l'avoir mêlée avec du vinaigre, ils l'administrent à leurs bestiaux frappés de strangurie.

(1) *The Lake N'gami*, etc. *Le lac N'gami, ou quatre années de voyages, de découvertes et d'explorations, dans les déserts du sud-ouest de l'Afrique.* 1 vol. in-8, avec atlas. Londres, 1856.

L'auteur rapporte, au sujet de ces œufs, un fait assez singulier, déjà signalé par Thunberg et Barrow : c'est qu'ils contiennent quelquefois de deux à douze concrétions, plates et polies, de forme ovale, de la grosseur d'une fève de marais, d'une couleur jaunâtre, et fort dures, de manière qu'on peut les tailler en boutons.

Quant à la ponte, il ne croit pas qu'elle ait une époque fixe, du moins il a trouvé des nids depuis juin jusqu'en octobre. La couvée est de douze à seize œufs, placés debout pour tenir moins de place. Le mâle et la femelle couvent alternativement, et le temps de l'incubation est d'environ trente-huit jours. Pendant ce temps, une ou plusieurs femelles pondent en dehors du nid, des œufs qui servent, dit-on, à la nourriture des jeunes oiseaux. Mais quelque grand que soit le nombre d'œufs pondus, rarement plus de trente à trente-cinq poulets éclosent annuellement.

Plusieurs personnes avaient essayé de faire produire l'Autruche en captivité, mais ils avaient échoué ; car, quoique ces oiseaux privés eussent pondu souvent, ils n'avaient jamais couvé.

Pour ce qui concerne la question des plumes, M. Anderson fait remarquer qu'elles forment un article considérable de commerce, et que leur prix varie beaucoup. Au Cap, en 1850, la livre de 14 onces valait depuis 1 à 2 guinées sterling jusqu'à 12 guinées (la guinée sterling estimée à 26 fr. 30). Toutefois ce n'étaient que les plumes de première qualité qui montaient si haut. La minceur du tuyau et le soyeux des barbes constituaient leur mérite. Une livre contenait de soixante-dix à quatre-vingt-dix plumes. Puis il ajoute la réflexion suivante : « Mais quoiqu'un seul oiseau en fournisse moitié autant, elles ne sont pas toutes propres au commerce. Au temps des amours, et souvent aussi à d'autres époques, l'Autruche, ainsi que le Dindon, le *Capercali* ou Coq de bruyère, et d'autres oiseaux, laisse pendre à terre ses ailes, de sorte que les plumes extérieures balayent la terre, s'usent et perdent de leur beauté. »

Les Damaras et les Bechuanas font avec les plumes noires de charmants parasols, qui leur servent à préserver leur teint.

Quelques détails de mœurs viennent ajouter un nouvel intérêt aux descriptions de l'auteur.

A l'occasion de la voracité de l'Autruche, il rappelle une anecdote assez comique : « Un jour, un Canard musqué avait fait éclore une couvée de petits, et avec un orgueil maternel les conduisait dans la basse-cour. L'Autruche s'avance à pas lents, calme et tranquille, et avale comme autant d'huîtres les jeunes Canards, que rien ne peut sauver, ni les cris de la mère, ni les efforts violents qu'elle fit pour repousser cette ogresse de la gent emplumée. »

Quoique l'Autruche vive loin des habitations de l'homme, elle s'approche quelquefois de sa demeure, et cause de grandes pertes aux Boers, en renversant leurs moissons et mangeant leurs grains.

Si l'Autruche peut endurer la soif, l'eau lui est cependant indispensable. « Pendant les saisons chaudes et sèches, dit-il, j'ai souvent vu le même troupeau venir journellement boire. Elles avalent l'eau par gorgées successives, et lorsqu'elles s'approchent de la source, elles semblent stupéfiées. Pendant que je campais aux environs de la fontaine de l'Éléphant, il m'arriva de tuer en peu de temps huit de ces magnifiques oiseaux qui vinrent à la source vers midi, et me laissèrent facilement approcher, ne reculant que pas à pas devant moi. »

« Les naturalistes et les chasseurs diffèrent considérablement d'opinions sur l'Autruche. Les uns lui ont attribué une grande stupidité, tandis que d'autres l'ont douée de beaucoup de vivacité et d'intelligence. Sans toutefois trancher la question, je dirai seulement que j'ai remarqué en elle ces qualités et ces défauts. A l'état domestique, il est vrai, l'Autruche a l'air d'un oiseau lourd, tranquille et triste. Mais quel est l'animal qui, enchaîné dans les liens de notre civilisation barbare, ne perd pas de sa vivacité et de sa gaieté naturelle ! Aussi il faut voir cet oiseau dans son pays natal, alors que le beau soleil d'Afrique développant son énergie native, il veille à sa propre sûreté avec une vigilance que rien n'endort. Là ne l'approche pas qui veut ! A cause de sa haute stature, de ses yeux proéminents, elle voit d'excessivement loin, ce qui lui fait découvrir le danger à des distances considérables. Ajoutez à cela les endroits découverts où vous la trouvez d'habitude, et vous saurez pourquoi nos plus effrénés chasseurs de l'Afrique du Sud ne peuvent se vanter d'en avoir beaucoup tué. »

Parlant des Autruches couveuses, M. Anderson cite le fait suivant qui répond à certains reproches qui leur sont adressés : « L'oiseau couve les jambes repliées sous lui. J'ai remarqué que quand il voit approcher un homme, au lieu de fuir, il étend son long cou sur le sable, sans doute pour ne pas être aperçu. De là doit venir cette fable de l'Autruche qui cache sa tête derrière une pierre, en croyant éluder ainsi l'œil du chasseur. Ce fait attribué à sa stupidité n'indiquerait donc, au contraire, que son intelligence et son amour maternel. »

L'attachement remarquable qu'elles ont pour leurs petits est encore prouvé par l'anecdote que nous allons citer. « Dans une de leurs excursions entre Walfisbag et Scheppmansdorf, MM. Anderson et Galton aperçurent dans un endroit de la plaine, privé de toute végétation, deux Autruches, mâle et femelle, avec une couvée de petits aussi gros que des poules ordinaires. « Dès que le père et la mère nous virent à leur poursuite, ils s'élancèrent de toute leur vitesse, sans toutefois devancer leurs petits. La mère était à la tête de la colonne et le père suivait par derrière. C'était fort touchant de voir la manière dont ces gros oiseaux surveillaient leurs petits. Lorsqu'ils s'aperçurent que nous gagnions du terrain, le mâle ralentit sa course et changea de direction. Mais ne pouvant détourner notre attention, il se mit à tourner autour de nous, les ailes pendantes, et peu à peu il se rapprocha jusqu'à une portée de pistolet. Soudain il tomba par terre, feignant de vains efforts pour se relever, comme s'il eût été dangereusement blessé. Je crus vraiment qu'il l'était, car je lui avais tiré un coup de fusil; mais lorsqu'il me vit près de lui, l'oiseau rusé se leva doucement et s'enfuit dans une direction contraire à celle que suivait sa famille qui, pendant ce temps, nous avait devancés. Enfin, après une bonne heure de chasse, nous nous emparâmes de neuf petits, et quoiqu'il y en eût à peu près le double, nous fûmes forcés de nous contenter de ce que nous avions pris. »

Quoique M. Anderson reconnaisse que la domestication de l'Autruche soit facile, il cite un fait qui prouve que ces animaux, tenus en captivité, peuvent devenir méchants à l'époque du rut, et lorsqu'on n'a pas soin de séparer les mâles des femelles.

Enfin, l'auteur termine ses observations par la remarque suivante : « Ces nobles oiseaux ont d'autres ennemis que l'homme. Leurs œufs sont recherchés par plusieurs espèces d'animaux et même d'oiseaux, qui les dévorent avec avidité. Sir James Alexander rapporte un fait raconté par les naturels des bords de l'Orange ! ils disent que, vers midi, alors que l'Autruche a quitté son nid, on peut voir planer dans les airs un vautour blanc tenant dans ses serres une pierre. Bientôt vous le verrez lancer à terre sa pierre et la suivre dans sa chute rapide. Si vous courez vers l'endroit où vous l'avez vu descendre, vous trouverez sans doute une centaine d'œufs, dont quelques-uns ont été cassés par le Vautour, afin de les manger. On dit encore que le Chacal roule les œufs les uns contre les autres pour les casser, tandis que l'Hyène les transporte à quelque distance dans le même but. Je n'ai jamais vu de choses pareilles, quoique souvent j'aie trouvé l'oiseau à moitié dévoré par les Lions, les Panthères, les Chiens sauvages et d'autres carnassiers. »

En même temps que j'enregistrais ces documents sur les Autruches de l'Afrique australe, d'autres étaient adressés à la Société impériale zoologique d'acclimatation sur celles qui habitent le nord du continent, en réponse au Questionnaire que j'avais rédigé.

Grâce à l'intervention bienveillante et au zèle scientifique de M. le Maréchal Vaillant, MM. les chefs des bureaux arabes de l'Algérie s'empressaient de fournir des renseignements précieux sur les questions proposées. Les notes de M. le baron Aucapitaine, attaché au bureau de Blidah, parvinrent les premières et furent pour la plupart imprimées dans le Bulletin de la Société en août 1856. Puis arrivèrent successivement huit nouveaux rapports, dont quatre de la province d'Oran, trois de celle d'Alger et un de Constantine.

Des quatre rapports d'Oran, l'un est daté du Tiaret et rédigé par le capitaine J. Cérez, alors chef du bureau arabe ; le second vient de Sebdou, en date du 2 octobre 1856 ; un troisième a été fourni au bureau arabe de Tlemcen par le caïd des caïds des Hamyanes-Djembâ, qui habitent au sud du Dahra. Le quatrième, transmis par M. le lieutenant Burin, chef du bureau arabe à Géryville, contient des documents que lui ont communiqués Si Djelloul Ben Sidi Hamza, caïd des Oulad Sidi Chikh ; Cadda Ben Embarek, caïd des Saïd Atba de l'aghalik d'Ouargla, et le chasseur d'Autruches Mohammed Ben Khaled, de la tribu des Oulad Sidi Cheikh.

Des deux rapports d'Alger, le premier est daté de Boghar, 29 janvier 1857, rédacteur M. Hip. Thouverey, chef du bureau arabe ; le second provient de Laghouat, en date du 5 février 1857.

Le seul rapport de la province de Constantine a été envoyé de Tebessa par M. E. Hiriart, chef du bureau arabe.

Or ces documents, recueillis chez diverses tribus arabes du sud de l'Algérie, offrent un assez grand intérêt pour que nous croyions devoir en présenter ici le résumé, malgré les divergences qu'ils présentent sur certains points, et les répétitions inévitables en pareille matière.

Ils nous initient d'abord à la vie nomade que mènent les Autruches du Sahara algérien, vers les frontières septentrionales de ce vaste désert sablonneux.

Au dire des rapports de Tlemcen et de Tiaret, celles qui hantent la zone septentrionale, au sud de la province d'Oran, émigrent au commencement de l'hiver, à l'époque où les pluies favorisent la végétation du grand Sahara, dans le djebel Amour, sur la ligne des lacs connus sous le nom de *Chotts ;* cependant elles commencent à y devenir rares : on en rencontre même dans le Dahra, qui est au nord de cette région. Si la saison est très froide ou dans le temps de la ponte, elles regagnent les lieux plus chauds et plus sablonneux du sud et du sud-ouest.

Suivant le rapport de Géryville, l'Autruche du nord (Naam meta el Dahara) reste pendant la saison chaude (été et automne) sur les hauts plateaux qui déversent leurs eaux dans les deux chotts Chergui et Gharbi, sans jamais dépasser au nord le pays où croit l'Alfa, c'est-à-dire à 60 ou 70 lieues du littoral. Dans la saison froide, lorsque les neiges et les vents froids ont forcé les populations sahariennes à quitter le voisinage des Chotts, pour aller chercher des abris derrière les montagnes du sud et du sud-ouest, l'Autruche du nord se rapproche des Chotts et vient habiter sur la ligne des eaux qui courent sur les deux rives. Elle y reste jusqu'aux premières chaleurs de l'été. Les migrations de l'Autruche du sud (Naam mata el Sahara) se font aux mêmes époques, et ont les mêmes causes déterminantes. Pendant les chaleurs elle habite auprès des bassins fournis par la chaîne du djebel Guebli, et ceux des montagnes qui s'étendent de l'est à l'ouest, bien au delà des frontières marocaines. Ces chaînes, qui sont le dernier grand soulèvement que l'on rencontre en marchant vers le sud, avant d'arriver dans les plaines arides du grand Sahara, offrent sur leurs contre-forts les pâturages et l'eau nécessaires. Aussitôt que le froid commence à se faire sentir, l'Autruche se met à l'abri derrière les montagnes et les gorges larges et profondes des nombreux affluents de l'oued Zeggeur et de l'oued Zeugoum (pays de Laghouat, du Ksel et des Oulad Sidi Chikh), et au sud-ouest vers l'oued el Garbi et l'oued el Namour (pays des Hamyan Charaga et Gharaba). Là elle attend la saison des pluies. A cette époque, l'Autruche du sud se réfugie dans les immenses et chaudes steppes sahariennes, qui s'étendent de la chebka de Mezel aux oasis d'Ouargla, de Mittili et de Galea. L'émigration est arrêtée au sud par les *Arg*, immenses dunes de sable, au pied desquelles vont se perdre les eaux des rivières du Sahara.

Suivant le rapport de Laghouat, les Autruches du nord habitent indistinctement toutes les parties du Sahara algérien, ainsi que les pays parcourus par les Touaregs. Après être venues pendant l'été chercher de l'eau et des pâturages dans le nord, jusqu'à la région des Ksours et même en deçà, elles retournent en hiver vers le sud, où elles sont attirées par une température plus douce et par les ressources qu'offre le pays pendant cette saison, soit en végétation, soit en eau. Elles ne sont qu'en passant dans les lieux arides, et ne quittent qu'accidentellement, ou pour couver, ceux où elles peuvent trouver de la pâture.

D'après le rapport de Boghar, on rencontre l'Autruche jusque dans les plaines sablonneuses au sud de cette ville, c'est-à-dire vers le 35° degré de latitude nord.

Toutes ces Autruches sahariennes appartiennent à la même race. Leur taille est plutôt petite, car elles ne dépassent jamais en hauteur 1m,30 à 1m,70, de la plante des pieds au sommet du dos; le cou a de 0m,90 à 1m,70; la largeur moyenne du corps est de 0m,70, et sa longueur de 0m,80 à 1 mètre. A leur naissance, elles sont aussi grosses que des perdrix ordinaires, et à l'âge de dix-huit mois elles atteignent déjà une hauteur d'environ 1 mètre.

Les variétés toutes noires d'Autruche sont très rares en Algérie. Les Arabes du sud de la province d'Oran se rappellent en avoir rencontré (Sebdou).

Quoique jusqu'à ce jour on n'en ait pas vu d'entièrement blanches, cependant les rapports de Géryville et de Laghouat mentionnent comme une exception l'existence d'Autruches mâles panachées sur le dos de noir et de blanc (Zergaf), dont ils possèdent des échantillons (1).

La durée présumable de la vie de l'Autruche sauvage donne lieu à des appréciations très diverses. Les uns ne la portent qu'à sept ou huit ans ou tout au plus dix (Tebessa), à douze ou quinze (Tiaret), à quinze ans et plus (Laghouat); d'autres vont jusqu'à soixante-dix ans (Sebdou), et même jusqu'à cent ans (Tlemcen). Une moyenne plus rationnelle de vingt-cinq à

(1) C'est à cette variété d'Autruches mâles qu'il faut rapporter les plumes désignées dans le commerce sous le nom de *bayoques*, et que nous avons vu provenir surtout de l'Afrique australe. Il me paraît probable qu'à l'aide de la domestication et d'un croisement judicieux de cette variété panachée, on pourrait obtenir plus tard la variété entièrement blanche; c'est du moins la méthode que l'on a suivie pour créer des variétés blanches de nos poules domestiques.

Un individu panaché existe dans la collection du Muséum.

trente ans est signalée à Boghar, et de trente à trente-cinq ans à Géryville.

La proportion des sexes est également un sujet de controverse. Chez les uns, le nombre des mâles surpasse celui des femelles (Laghouat). Dans une couvée, il y aurait deux tiers de mâles et un tiers de femelles (Sebdou). Suivant les autres, le nombre des femelles prédominerait. Dans un troupeau d'Autruches il y a un tiers de mâles et deux tiers de femelles (Géryville, Boghar). Sans pouvoir fixer exactement la proportion entre les mâles et les femelles, car cela dépend des rencontres, on peut affirmer que le nombre des femelles dépasse celui des mâles (Tlemcen). La proportion des mâles dans un troupeau est de trois sur dix femelles environ (Tebessa).

On conçoit, d'après cela, que la question de monogamie et de polygamie soit également controversée. Un seul rapport, celui de Sebdou, admet la monogamie à l'état sauvage. Tout en reconnaissant que les Autruches privées sont polygames, les autres sont plutôt favorables à la pluralité des femelles dans la famille; mais ils ont soin d'ajouter que, lors de la ponte, ce nombre, pour chaque nid ou chaque mâle, ne dépasse pas deux, trois ou quatre femelles.

La saison des amours commence en général, au nord de l'équateur, vers la fin de l'automne et dure jusqu'au printemps (Laghouat). Lorsque les années ne sont pas fertiles, elle ne commence qu'à la fin de l'hiver et dure un mois (Boghar). Elle commence en automne et dure deux mois (Sebdou). Dans le Sahara, les Arabes n'ont pas remarqué une saison de rut bien distincte; elle se prolonge pendant une grande partie de l'année, pourvu que la nourriture soit abondante (Tlemcen).

En général, on n'observe pas que le mâle, dans ce moment, soit plus violent qu'à l'ordinaire, lorsqu'on ne le contrarie pas; cependant le rapport de Tebessa fait remarquer qu'alors (vraisemblablement lorsqu'il est captif) il éprouve quelquefois des accès de rage, qui forcent les indigènes à se servir de pierres, de bâtons et même de fusils pour se défendre. Dans l'état sauvage, les mâles se livrent parfois des combats (Sebdou).

La ponte, comme le rut, est singulièrement influencée par

les conditions d'alimentation; aussi la voit-on précoce ou très précoce ou tardive, abondante ou faible, multiple ou unique, suivant la fertilité des saisons, l'abondance ou la pénurie des vivres, et même suivant la qualité des aliments. « On ne sait, dit le rapport de Boghar, quelle est la plante la plus favorable à la ponte; mais on remarque que c'est dans les années les plus fertiles que l'Autruche pond le plus. »

« A l'entrée de l'hiver, s'exprime le rapport de Géryville, trente à quarante individus des deux sexes, réunis jusqu'alors en troupeau, se séparent; chaque mâle choisit d'une à trois femelles et s'éloigne avec elles. La famille, ainsi constituée, ne se quitte plus de tout l'hiver; elle choisit pour établir son nid un pays sablonneux, plat, quelquefois un bas-fond, jamais une hauteur. Le nid, creusé dans le sable, est purgé de cailloux, qui pourraient casser les œufs ou blesser les petits à leur naissance : il a la forme d'un ovale plus ou moins parfait; un fossé excentrique, dont le déblai est jeté en dehors, protége le nid des eaux pluviales. Le nid ainsi préparé, le mâle se met à la poursuite d'une femelle et la force à s'accroupir pour recevoir ses caresses. Quand l'accouplement a eu lieu, la femelle se dirige en courant vers le nid et y reste jusqu'au soir, elle pond un œuf dont la coquille est dure à sa sortie. Le lendemain, le mâle poursuit la seconde femelle qui, après avoir été cochée, va déposer un nouvel œuf à côté du premier. La troisième femelle est cochée à son tour; puis la première reçoit de nouveau les caresses du mâle : de sorte que les femelles pondent et couvent alternativement, en suivant le même ordre. Tous les soirs la couveuse est remplacée par le mâle, qui est le gardien de toutes les nuits. Le nombre des œufs déposés par chaque femelle varie de 14 à 20; on prétend que chaque femelle a soin de réunir ses œufs d'un côté du nid. Quand le nid est plein, les œufs qui ne peuvent y tenir sont déposés symétriquement à côté l'un de l'autre dans le fossé excentrique; ils ne sont jamais superposés, ni dans le nid, ni dans le fossé. Au sujet des œufs déposés en dehors du nid, voici ce que les chasseurs des Oulad Sidi Chikh racontent. Si l'Autruche vient à casser un des œufs du nid, elle le remplace par ceux du fossé, et pour chaque petit sortant de la coquille, la couveuse perce un des œufs surnuméraires, qui sert de nourriture première. C'est de cette façon que les choses se passent, quand la famille n'est pas dérangée; mais si, au commencement de la ponte, les chasseurs parviennent à s'emparer des œufs, la famille abandonne son nid et va en creuser un second sur un autre point. Si les œufs sont enlevés vers la fin de la ponte, l'Autruche non-seulement abandonne le nid, mais ne pond plus jusqu'à la saison suivante (1). »

Le rapport de Boghar, tout en harmonisant avec le précédent, pour la position et la construction du nid, pour le nombre des couvées, à moins de dérangement, la disposition des œufs couvés et la destination des œufs surnuméraires, admet que la femelle pond régulièrement tous les deux jours, et qu'elle peut pondre de 11 à 20 œufs pendant quinze à vingt années. Il croit que les œufs non couvés se gâtent aussi vite que les autres.

Le rapport de Laghouat, en parlant du nid, affirme, en revanche, que l'Autruche choisit pour le faire un endroit écarté, un terrain un peu élevé et nu, afin de pouvoir surveiller les alentours. Ce nid est destiné à la ponte d'une, de deux, trois ou quatre femelles; on n'y trouve jamais plus d'un mâle. Il est d'une forme ronde, creusé à une profondeur de 0m,20, la terre provenant du milieu sert à garnir les bords, et une ouverture d'environ 0m,30 y est ménagée sur un des côtés, afin de pouvoir y pénétrer. Les œufs sont couchés à côté les uns des autres sur un seul rang, et concentriquement tout autour du nid, de manière à laisser le milieu vide, afin d'y poser le corps. Elles couvent les œufs avec leurs ailes. Le nombre des œufs varie de 10 à 40 Il nie la ponte d'œufs surnuméraires pour servir de nourriture aux petits. Les quelques-uns qu'on rencontre par hasard loin du nid y ont été laissés par des femelles

(1) M. Boveleyn Gordon Cumming, auteur d'un ouvrage intitulé : *Five years of a sumtars life in the far interior of South Africa*, 2 vol. in-8, London, 1850, dit (vol. I, p. 113 et 149) : « Que lorsqu'une personne trouve un nid d'Autruche, et qu'elle n'enlève pas tout de suite tous les œufs, il est vraisemblable qu'elle les retrouvera mis en pièces à son retour. Les vieux oiseaux exécutent invariablement cette destruction, même lorsque le visiteur n'a pas touché les œufs, et ne s'est approché du nid qu'à la distance de cinq pas. »

pressées par le besoin de pondre, et ne sont pas couvés; ils restent à la surface du sol et ne sont pas enfouis. Ces œufs non couvés peuvent se conserver huit mois sans se gâter.

Le rapport de Sebdou, favorable à la monogamie, avance que le nid n'est destiné qu'à un seul couple et à la ponte d'une seule femelle. Les œufs à couver, au nombre de 20 en moyenne, sont, suivant lui, disposés en pyramide à base carrée et couchés. Des œufs surnuméraires servent à la nourriture des petits, et ils se conservent très longtemps.

Le rapport de Tebessa soutient aussi que le nid n'est destiné qu'à une seule femelle, qui y pond de 10 à 12 œufs placés côte à côte, mais assis sur le gros bout. Cependant il reconnaît que les femelles peuvent pondre de 20 à 24 œufs par année, et cela pendant huit ans. Il constate la présence d'œufs surnuméraires, comme aliment des petits à mesure de leur éclosion successive. Ceux de ces œufs qui ne sont pas cassés peuvent se conserver un mois et demi, deux mois au plus.

La ponte commence en janvier et finit en avril. Les femelles ne font ordinairement qu'une couvée.

Enfin, dans le rapport de Tlemcen, il est dit que, pour établir son nid, l'Autruche choisit de préférence les lieux bas ou en pente et les endroits entourés d'Alfa, où elle peut être à l'abri du vent. La ponte est régulière, en ce sens que chaque jour la femelle pond un œuf; elle commence au printemps et finit en automne. Il y a donc plus d'une couvée, mais cela dépend des ressources alimentaires. La femelle, après avoir construit un premier nid et y avoir pondu un certain nombre d'œufs qui doivent être couvés, en construit un second de forme ovale, à quelque distance du premier, où elle dépose des œufs surnuméraires qui ne servent qu'à l'alimentation des petits et jamais à compléter le nombre voulu des œufs couvés. Ils peuvent se conserver très longtemps, surtout à une température basse; ce sont au reste ces œufs qui entrent dans le commerce. Les œufs sont couchés dans le sens de leur longueur et suivant une circonférence. Une femelle peut couver de 25 à 30 œufs. Lorsque le même nid sert à deux femelles, il peut contenir jusqu'à 60 œufs, rarement plus.

Tous les rapports conviennent que les femelles peuvent pondre à l'âge d'un an, et qu'à deux ans, les œufs, quoique plus petits, sont féconds. Le mâle est apte à reproduire son espèce au bout de deux à trois ans.

Tous reconnaissent aussi que l'incubation a lieu jour et nuit, quelle que soit la saison. Si elle se fait par couple, le mâle et la femelle couvent de suite alternativement, et s'il y a plusieurs femelles, ou bien elles couvent ensemble, ou bien elles alternent entre elles pendant le jour. Le mâle les remplace la nuit, ou ne vient ordinairement en aide que lorsque le dixième ou le douzième œuf est pondu. Dans tous les cas, l'incubation commence dès le premier jour de la ponte (1), et comme les œufs ne sont pondus que successivement, à un, deux ou trois jours d'intervalle, l'éclosion des petits n'a également lieu que successivement, et même à huit ou dix jours d'intervalle, suivant le rapport de Boghar, tandis qu'elle ne dure que quatre jour pour 20 œufs, d'après celui de Sebdou. Au moment de l'éclosion, le petits resteraient attachés, pendant une journée, à la coquille par le cordon ombilical, ils absorberaient ainsi le jaune qui reste adhérent à la coquille, tout en becquetant les herbes qui se trouvent aux environs du nid. Dix-sept à dix-huit jours après leur naissance, les petits sortiraient du nid et mangeraient du *Chei*, conduits constamment par leurs parents, qui ne les quittent que lorsqu'ils ont atteint l'âge d'un an (Sebdou).

La durée moyenne de l'incubation n'est pas bien déterminée. Elle ne serait que de vingt jours suivant les uns (Sebdou); d'autres la portent à trente jours (Géryville, Laghouat), à quarante jours (Tlemcen) et jusqu'à cinq ou sept mois! (vraisemblablement cinq à sept semaines) (Boghar).

Aucun des rapports n'a pu mentionner la température probable nécessaire à l'incubation ; seulement, d'après le rapport

(1) M. Cumming (ouvr. cité, t. I, p. 184) cite un fait qui vient à l'appui des rapports algériens : « En traversant une vaste plaine, dit-il, je tombai sur un nid d'Autruches qui contenait deux œufs ; le mâle était couché sur le nid, et, pensant que je passerais sans le voir, il nous permit d'approcher à 60 yards, avant de prendre la fuite. »

de Sebdou, les indigènes assurent que les œufs et le sable qui les entoure sont très chauds.

Il est assez remarquable que quelques-uns des documents que nous avons sous les yeux semblent douter de la possibilité de faire procréer les Autruches dans l'état de domesticité où elles se trouvent chez les Arabes, tandis que les faits qui se sont passés ailleurs en Europe chez les Autruches recluses prouvent le contraire. Le rapport de Tlemcen, en particulier, affirme positivement que les Autruches domestiquées en Afrique ne pondent jamais. Celui de Géryville soutient la même opinion, se basant sur les observations faites dans les ksours des Oulad Sidi Chikh, où l'on élève un grand nombre d'individus des deux sexes. Toutefois il ajoute que : « Si Djellout Ben Hamza, le caïd des Oulad Sidi Chikh, assure avoir vu à Marakac (capitale du Maroc), dans un parc attenant au palais de Mouley Abder-Rahman, de nombreuses Autruches qui s'accouplaient et couvaient comme à l'état de liberté. » Il est donc à présumer que des circonstances accessoires, souvent locales, influent sur ce résultat. Quelques-uns attribuent les causes de cette infécondité à l'étroitesse de l'enclos où on les renferme, ce qui ne permet pas aux femelles de s'isoler suffisamment (Tlemcen), d'autres à la nature des aliments qu'on leur administre (1).

Les divers rapports sont d'accord sur la facilité avec laquelle on peut nourrir l'Autruche. A l'état sauvage, elle pâture un grand nombre de végétaux que d'autres animaux méprisent.

Les plantes les plus remarquables dont se nourrit l'Autruche, dit le rapport de Géryville, et que l'on trouve en abon-

(1) Nous avons vu précédemment, dans la relation de M. Aucapitaine, que les Arabes de Blidah étaient disposés à admettre cette dernière opinion pour les Autruches transportées dans le nord de l'Algérie, et l'on ne peut être éloigné de croire à l'influence de cette cause dans certains cas, lorsqu'on voit les Autruches recluses, forcées pour l'ordinaire de se contenter d'une nourriture fade et purement végétale, tandis que, dans le désert, elles trouvent en abondance des plantes très aromatiques et salées, et de plus des insectes, des mollusques et des reptiles. Or l'expérience faite à quelques lieues de Paris, par M. de Sora, semble prouver l'action puissante qu'exerce sur la production des œufs le genre de nourriture que l'on donne aux oiseaux, et surtout aux femelles.

oance sur les immenses surfaces qu'elles parcourent, sont au nord, dans la saison d'été, *el Alfa* (*Stipa tenacissima*), *el Seuzà* (*Ligeum spartum*), *el Chikh*, *el Skish* ou *Chiei* (*Artemisia odoratissima*), *el Souid* (*Zygophyllum album?* Desf.), *el Foussera* (*Salsola buxifolia*), *el Metnam* (*Passerina hirsuta?* Linn.), et une innombrable quantité de graminées et d'herbes menues. Au sud, dans la saison d'hiver, elles trouvent des plantes ligneuses salées (1) très nourrissantes, telles que l'*el Drin* (*Stipa barbata*), *el Alenda* (*Ephedra fragilis?* Desf.), *el Retem* (*Spartium* ou *Retama Duriei?* Spach), qui abondent dans tous les ravins et les daya du sud.

« Lorsque les herbes leur manquent, dit le rapport de Laghouat, elles se nourrissent d'arbustes, tels que le *Cheil* (espèce d'armoise), le *Salian* (espèce d'Aristidée); le *Neci* (espèce d'Aristidée), l'*Adjezam* (*Salsola* ligneux), le *Djèfna* (*Gymmocarpum decandrum*, Forsk.), la *Rega* (espèce d'Hélianthème), l'*Arfedja* (*Rantherium*, Desf.), etc., etc. Elles sont aussi très friandes des feuilles et des graines de *Batoum* (*Pistacia terebinthus*) et du *Nebec* (fruit du Jujubier sauvage), espèce de *Zizyphus*. Elles mangent les Rats, les Gerboises, les Serpents et les petits Lézards et les Limaces; elles sont très avides de Sauterelles. »

Les Arabes ont observé qu'elles semblent préférer parmi les plantes, *el Bendiga*, *el Morea*, *el Kasso*, que l'on rencontre partout dans le Sahara, même dans les Chotts. Elles mangent très bien les insectes et les reptiles, mais surtout avec avidité les Sauterelles du sud (Djerad). On a remarqué que cette dernière nourriture les engraisse au point de ralentir leur course (Tlemcen).

(1) Cette prédilection des Autruches pour le sel, qu'elles ont de commun avec les ruminants, avait déjà été observée par Cumming (ouvr. cité, vol. I, p. 136). Arrivé dans un de ces bassins salants, ou salines, qu'on rencontre fréquemment dans l'Afrique australe, l'auteur s'aperçut que « les Autruches, ainsi que les différentes espèces d'antilopes, fréquentaient ces bassins, dans le but de lécher le sel cristallisé à la surface, qu'elles aiment à la folie. »

Il est facile de comprendre l'importance de cette observation pour le régime des Autruches privées, et cependant jusqu'à ce jour on l'avait complétement négligée.

Elles se nourrissent aussi de feuilles et de racines d'*Asphodèle*, d'Aurone et de Chardon. L'Asphodèle, dont elles sont friandes, les engraisse plus que toute autre plante. Aussi les chasseurs arabes profitent-ils de ce goût de l'Autruche pour l'attirer à portée de fusil. Leur ruse consiste à déchausser des pieds d'Asphodèle, dans la direction de l'affût choisi. L'oiseau, affriandé par sa nourriture favorite, et trouvant sur sa route une proie facile à arracher, s'approche petit à petit du chasseur caché dans une touffe d'Alfa, et tombe facilement sous ses coups (Boghar).

L'herbe dite *Chiei*, par les Arabes, constitue leur principale nourriture (Sebdou).

Dans l'état de captivité, lorsque les Autruches ne vont pas pâturer, on leur donne de l'orge, des dattes ou du Chiei ; elles préfèrent l'orge. Les indigènes estiment que, pour les élever, il faut leur fournir 2 kilogrammes d'orge par jour, autant de dattes, 10 kilogrammes environ d'herbe (Sebdou).

Lorsque les Autruches ne peuvent pâturer, on leur donne de l'orge et des os de viande, la qualité n'y fait rien. On brise ces os, et l'on y mêle une jointée d'orge. Dans les lieux de campement, au Sahara, on trouve toujours de l'*Elma* et de l'*Errguique*, qui composent pour elles une excellente nourriture (Tlemcen).

Pour elles tout est bon, blé, orge, maïs blanc, sorgho, fèves, toute espèce de fruits ou de légumes, herbes, feuilles d'arbres, même de la coloquinte. La nourriture journalière à leur donner, lorsqu'elles sont captives et qu'elles ne peuvent pâturer, peut être évaluée à 2 kilogrammes d'orge par Autruche.

La nourriture la plus économique serait de l'herbe, des légumes avec leurs feuilles, des fruits, des résidus de brasseries, ainsi que ceux qu'on retire des pressoirs à huile, car elles dévorent pour ainsi dire les olives qui se trouvent sur quelques oliviers sauvages qu'on rencontre dans le sud (Laghouat).

Selon son âge, l'Autruche captive mange de 1 à 4 kilogrammes d'orge par jour (Boghar).

Il convient de leur donner à manger tous les jours, et même plusieurs fois par jour (Sebdou). Elles ne peuvent rester plus de deux jours sans manger (Tlemcen). Elles sont aussi sobres que le Chameau, et peuvent rester quatre ou cinq jours sans nourriture (Géryville). Tout en pouvant rester deux ou trois jours sans manger, elles cherchent alors à calmer la sensation de la faim, en avalant des graviers calcaires ou siliceux, marbre et gypse (Laghouat).

Au reste, cette habitude d'avaler des pierres paraît être indépendante de la faim; car elles le font journellement, même lorsqu'elles sont bien nourries, sans doute comme moyen de favoriser la trituration des aliments.

Elles supportent plus facilement la soif que la faim. Tous les rapports reconnaissent qu'elles boivent très peu en hiver. Lorsque les rosées sont abondantes dans cette saison, elles peuvent rester vingt jours ou un mois sans boire. En été même, elles boivent peu et peuvent supporter la soif pendant trois ou quatre jours. Les racines d'Asphodèle leur servent à étancher leur soif, lorsqu'elles ne peuvent se procurer de l'eau (Boghar). Elles boivent une fois par jour, si elles ont de l'eau; mais en sont-elles privées, elles peuvent s'en passer pendant cinq ou six jours (Géryville). Toutes les eaux saumâtres ou douces leur sont bonnes (Tebessa). Cependant elles ne se décident à boire les eaux saumâtres que lorsqu'elles sont poussées par la soif (Laghouat).

Presque tous les rapports mettent en doute l'influence qu'exercent les orages sur les Autruches, surtout lorsqu'elles sont privées : « Quand la pluie commence à tomber, disent-ils, elles se replient sur elles-mêmes, comme les poules, et restent dans cette position jusqu'à ce que l'orage soit passé; et s'il fait de la grêle, elles cachent leur tête sous l'aile, le choc d'un grêlon sur cette partie pouvant les étourdir et même les tuer.» — « Celles qui sont près des douars cherchent parfois un asile sous la tente. » — « Ce n'est que dans le cas où, à l'état sauvage, elles ont été privées d'eau pendant plusieurs jours dans le désert, que les chasseurs prétendent, lorsqu'il éclate un orage, qu'elles se dirigent du côte des éclairs, jusqu'à ce qu'elles rencontrent de l'eau. » Le rapport de Laghouat affirme seul : « Qu'elles sont agitées à l'approche des orages, non par la peur, mais par la joie; qu'elles sont alors très gaies, se mettent à courir dans tous les sens, et à tourner sur elles-mêmes, en déployant leurs ailes, imitant pour ainsi dire une valse, et qu'elles ont une tendance à se diriger du côté des éclairs. Aussi les chasseurs d'Autruche parviennent-ils quelquefois à les attirer en allumant, sur un endroit élevé, le feu qu'ils cachent et laissent apparaître à divers intervalles. »

Quoi qu'il en soit, elles ne craignent pas l'eau, et prennent plaisir à se baigner, ou plutôt à se coucher dans les *rédirs*, quand elles en trouvent l'occasion. Elles choisissent pour cela des mares peu profondes, de manière, en se couchant, à avoir toujours la tête hors de l'eau (Laghouat), et elles y jouent absolument comme des canards ou des oies (Sebdou). Si elles rencontrent des flaques d'eau, avant d'y entrer, elles ont soin d'en sonder la profondeur et n'y entrent pas si l'eau leur vient jusqu'aux jarrets (Géryville). Mais elles ne savent pas nager, et ne traversent que celles des rivières dont les eaux sont très basses et où elles ne peuvent perdre pied (Boghar).

Les rapporteurs insistent tous sur la finesse de quelques-uns des sens de l'Autruche, et en particulier de celui de la vue. « Son ouïe, dit le rapport de Tebessa, est d'une délicatesse extrême, et sa vue est d'une portée si extraordinaire, qu'elle distingue parfaitement l'homme à une distance d'environ 10 lieues ? » (Vraisemblablement 10 kilomètres.) Elle peut même voir, au moment où le soleil se couche, à des distances incroyables (Sebdou, Laghouat) ; mais elle perd cet avantage dans les ténèbres (Boghar).

On est loin de lui refuser toute espèce d'intelligence, en particulier celle que développe la tendresse maternelle (1). Il est des personnes néanmoins qui lui attribuent un instinct de sauvagerie entachée d'une fine hypocrisie (Sebdou).

Le courage ne manque pas non plus au mâle, lorsqu'il

(1) M. Cumming (ouvr. cité, t. I, p. 100) a été témoin d'un fait de ce genre, qui mérite d'être relaté. « Je tombai, dit-il, dans une troupe de douze Autruches, qui n'étaient pas plus grosses que des pintades. La mère chercha à nous tromper à l'instar du canard sauvage ; elle partit, étendit ses ailes, puis se laissa tomber par terre, comme si elle eût été blessée, tandis que le mâle s'éloignait sournoisement avec les petits, dans une direction opposée. »

s'agit de protéger sa famille ; c'est ce que prouve l'anecdocte suivante : « Si Djelloul Ben Hamza et son frère Si Mohammed Ben Si Hamza, chassant un jour l'Autruche, rencontrèrent les traces de toute une jeune famille conduite par un mâle et deux femelles. Arrivé le premier en vue des Autruches, Si Mohammed tira un coup de feu et blessa une des femelles. Le mâle se précipita alors sur lui et frappa à coups de pied le poitrail de son cheval, qui, effrayé, renversa son cavalier et prit la fuite. L'Autruche tourna alors ses coups contre Si Mohammed et ne l'abandonna que privé de connaissance, en voyant venir Si Djelloul au secours de son frère. » (Géryville.)

Quant à la timidité naturelle à l'Autruche, surtout aux femelles, on n'a presque rien fait pour la diminuer. Cependant cette timidité est ce qui l'a fait retourner à l'état sauvage, lorsqu'elle a été effrayée par quelque chose d'extraordinaire, et même alors on peut la reprendre facilement dans les premiers jours, car elle se laisse approcher sans crainte (Boghar). En bas âge, elles sont peu timides, elles ne le deviennent qu'en grandissant, et les indigènes ne connaissent aucun moyen pour corriger ce défaut prédominant (Sebdou). La seule méthode à suivre, c'est de les caresser souvent lorsqu'elles sont jeunes et de leur donner à manger à la main (Laghouat).

En réponse à la question qui concerne l'instinct qu'auraient les Autruches de retourner à leur domicile à travers des routes lointaines et inconnues, le rapport de Tlemcen affirme qu'elles retrouvent la route de leur nid à de très grandes distances, telles que 10, 15 ou 20 lieues. Celui de Boghar s'exprime non moins positivement : « L'Autruche, dit-il, se fût-elle écartée de son nid à une distance de 60 kilomètres, y retourne toujours par une autre route que celle qu'elle a prise pour s'en éloigner. » A Sebdou, on a vérifié le fait, sans pouvoir citer d'exemple. M. Burin, de Géryville, de son côté, cite le cas d'une jeune Autruche élevée au ksar Fahtani, et qui, donnée à un habitant d'El Ahid Sidi Chikh, s'enfuit et revint chez son premier maître à El Arba. Le seul rapport de Laghouat, loin de leur accorder cet instinct, soutient qu'à la distance d'une lieue elles sont incapables de retrouver leur nid.

Tous les documents conviennent que les Autruches sont très faciles à apprivoiser, lorsqu'on a soin de les élever dès le bas âge; mais passé dix-huit mois à deux ans, la domestication est impossible (Tiaret, Sebdou). Le rapport de Tlemcen nous dit : « Que les Autruches s'apprivoisent d'une façon complète et donnent alors les mêmes signes d'attachement et d'intelligence que l'on peut attendre de toutes les autres races privées. Elles sont toutefois par moments d'un caractère difficile et irritable. » Ce même rapport nous apprend aussi qu'il est de notoriété publique que, dans le Sahara, cet apprivoisement a lieu en bandes nombreuses. « On voit, dit-il, chez les Abiades (Oulad Sidi Chikh), des troupeaux de 20 à 30 Autruches qui suivent parfaitement le bétail aux pâturages, surtout les chevaux, et qui rentrent chaque soir avec eux. En 1849, on a présenté au lieutenant-colonel Bazaine, chef du bureau arabe à Tlemcen, un troupeau de 21 Autruches domestiquées. Les Autruches privées sont très libres, et vaguent tous les jours avec les troupeaux; il est très rare de voir des Autruches domestiques s'échapper et reprendre leur liberté, surtout si elles ont été prises jeunes. Elles s'habituent très bien à leur maître, et souvent le suivent à cheval. »

Il est vrai que cet apprivoisement n'est pas partout aussi complet, et que, dans certaines localités, les indigènes jugent nécessaire de mettre des entraves aux jambes des Autruches adultes, pour les empêcher de s'éloigner (Tebessa, Boghar), et même, à Laghouat, on pose en principe, que si les Arabes sont parvenus à les apprivoiser, jamais ils ne les ont complétement domestiquées; mais tout paraît dépendre de la manière dont on traite ces animaux, et surtout de l'éducation qu'on donne aux jeunes Autruches.

En général, il faut traiter ces oiseaux avec beaucoup de douceur, et ne point employer les coups, ni les violences brutales; on est sûr d'obtenir d'eux attachement et obéissance. Le seul moyen qu'emploient les Arabes pour apprivoiser les Autruches, est de leur donner fidèlement chaque jour leur nourriture, lorsqu'elles entrent au logis; mais en général il faut les prendre fort jeunes et ne point les brusquer. Aussi, lorsque les

Arabes les ramènent des champs, se contentent-ils de les chasser devant eux en agitant leurs burnous, sans jamais les frapper (Tebessa). Les Arabes n'emploient aucun moyen de contrainte ou de pression envers les Autruches (un Arabe qui ne veut pas que son Autruche le suive, jette son burnou à terre et la pose dessus). Ils n'usent pas davantage de récompenses. Le tout est une affaire d'habitude ; c'est l'habitude ou l'instinct qui conduit naturellement l'Autruche à la tente où elle a été élevée. Ainsi on les habitue à venir au commandement, qui est un cri guttural et prolongé, ou à manger deux fois par jour, matin et soir (Tlemcen).

Les Arabes qui veulent élever des Autruches commencent par découvrir un nid, et observent ensuite avec soin l'opération de la couvée. Au fur et à mesure de l'éclosion, ils s'emparent aussitôt des petits et les élèvent, comme le ferait absolument la mère, avec des herbes, ou, à défaut, de l'orge. Quelquefois ils cassent des œufs et les leur font manger. Plus tard ils donnent aussi à ces jeunes captifs du vert, de la farine d'orge, des dattes et des os (Tlemcen). Les jeunes Autruches prises vivantes sont amenées dans les douars ou données aux Zaouaïas de Sidi Chikh (les Zaouaïas sont des établissements religieux). Elles peuvent être envoyées aux pâturages avec les troupeaux, grandissent ainsi et prennent l'habitude de sortir le matin de leur demeure et de rentrer le soir. Si l'Autruche, prise jeune, a été élevée dans un enclos, il ne faut pas la laisser sortir, car n'en ayant pas l'habitude, elle s'enfuirait certainement; mais il faut la renfermer dans une cour spacieuse et lui donner à manger de l'herbe et de l'orge. Avec le temps, elle reconnaît celui qui lui donne à manger et ne cherche plus à fuir (Géryville). La nourriture donnée aux jeunes Autruches est la même que celle destinée aux adultes ; on a cependant remarqué que la farine d'orge leur convenait mieux. Elles mangent n'importe à quelle heure, et lorsque les indigènes veulent les appeler, ils se servent de leur monosyllabe *Toc* plusieurs fois répété, et qu'ils exécutent avec la langue (Tebessa). On nourrit les petites Autruches captives avec du pain, de la farine d'orge et du son. On les habitue à manger à des heures fixes ; on a soin, lorsqu'elles mangent, de rester auprès d'elles jusqu'à ce qu'elles aient terminé et de les caresser doucement de temps en temps. Il faut les tenir éloignées des animaux qui pourraient les effrayer (Laghouat). Les petites Autruches sont nourries avec de l'herbe hachée et de la mie de pain (Boghar).

Les rapports ne fournissent que peu d'informations sur les maladies des Autruches. Dans la vieillesse, l'oiseau maigrit, ses plumes deviennent cassantes, et les pieds ainsi que la tête grossissent (Géryville). A Sebdou, on a fait la remarque que plusieurs des Autruches captives sont mortes tout d'un coup, sans avoir donné au préalable de signes d'une maladie quelconque. Elles s'arrêtaient de manger et mouraient presque aussitôt. Plusieurs personnes qui ont fait l'autopsie de quelques-unes d'entre elles croient que leur mort doit être attribuée aux corps brillants, tels que cuivre, verre, etc., qu'elles avalent avidement, et qui, à la longue, ne sont pas digérés. Le rapport de Tebessa nous apprend aussi qu'en hiver et pendant la mue, les Autruches sont atteintes d'une espèce de gale, dont elles se guérissent facilement elles-mêmes. On n'a pas observé, dans le petit nombre d'endroits où l'arrachement des plumes se pratique, qu'il déterminât de maladie chez l'oiseau, et même nulle part, à l'exception de Sebdou et de Tlemcen, on n'a remarqué que cette opération ait nui à la poussée suivante de plumes. Il fallait toutefois avoir la précaution de ne pas arracher les plumes à la fois, mais bien l'une après l'autre, et tout au plus cinq ou six par jour, à mesure qu'elles avaient pris tout leur développement (Laghouat). Enfin, on n'a pas d'exemple d'épizootie parmi les Autruches (Boghar, Tlemcen).

Les habitants du Sahara chassent l'Autruche sauvage pour exploiter sa viande, sa graisse, ses œufs, sa peau et ses plumes. Ils n'en élèvent point de privées dans un but de spéculation, et pour s'en servir de montures ou de bêtes de somme ; l'idée de ce dernier emploi leur paraît même très bizarre.

Ils recherchent la viande et la graisse (Zem) pour leur usage particulier, sans en faire de commerce. Chaque grande tente tient à en avoir de bonnes provisions, car c'est pour elles un objet de luxe.

La chair a un goût particulier assez agréable, que les Arabes comparent à celui de la chair du Chameau (Géryville). On mange la viande fraîche ou séchée au soleil (Laghouat). Cette viande se vend jusqu'à 5 francs le kilogramme (Sebdou).

L'époque de l'engraissement de l'Autruche paraît varier suivant les saisons et l'abondance de la nourriture ; cependant on convient en général que c'est au printemps qu'elle est le plus grasse. Une Autruche sauvage fournit alors autant de graisse que deux moutons gras (Tlemcen), de 3500 grammes à 4000 grammes (Tebessa), de 4 à 5 kilogrammes (Géryville, Laghouat), de 6 à 10 kilogrammes (Boghar). Son prix varie de 1 fr. 50 c. à 2 francs le kilogramme dans le désert, ou de 25 centimes les 32 grammes (Tebessa) jusqu'à 20 francs le kilogramme (Sebdou). Les Arabes se servent de la graisse d'Autruche fraîche ou salée en guise de beurre dans leur cuisine. Ils l'emploient aussi comme remède dans toutes les blessures, contre certaines morsures venimeuses et en frictions dans les maladies rhumatiques ; ils l'administrent à l'intérieur, lorsqu'elle est fondue et salée, dans quelques maladies du foie ; les uns soutiennent qu'elle agit alors comme purgatif, d'autres le nient. La moelle des os est réservée pour les accès de goutte et pour les maladies nerveuses.

La cervelle passe chez les Arabes pour jouir d'une propriété des plus malfaisantes ; ils prétendent que cette cervelle, mangée par l'homme, le rend fou furieux et lui donne des accès d'hydrophobie incurables ; aussi ont-ils soin de l'enterrer lorsqu'ils tuent une Autruche, à moins qu'ils ne veuillent s'en servir pour se venger d'un ennemi mortel (Tebessa).

Les œufs, les peaux et les plumes sont devenus un objet lucratif de commerce dans le Sahara algérien, depuis l'arrivée des Français.

Les Oulad Sidi Chikh et leurs serviteurs religieux du cercle de Géryville vont vendre les œufs, ainsi que les plumes des ailes et de la queue, dans les villes du Mezab. Les indigènes du Sahara algérien portent leurs œufs et leurs plumes à Tafilet, où se trouvent des représentants de plusieurs négociants anglais (Sebdou). Les Israélites en sont presque partout les acquéreurs, ce qui tient à ce qu'ils s'aventurent au loin, visitant les marchés les plus éloignés ou les tribus les plus écartées des centres européens, et que d'ailleurs ils connaissent mieux que personne les habitudes, la langue et les moyens d'échange appropriés au goût des Arabes (Tlemcen, Sebdou). Les Mozabites seuls leur font concurrence dans le sud de l'Algérie (Boghar).

L'œuf d'Autruche du Sahara a en moyenne les proportions suivantes : longueur, 16 centimètres; largeur, 13 centimètres; son cube est de 1$^{\text{décim.}}$,188; son poids brut, 1375 grammes; poids de la coquille, 314 grammes; poids net du jaune et du blanc, 1061 grammes (Laghouat). Cependant on en a vu de 24 centimètres de long sur 18 centimètres de large (Boghar) et même de 30 centimètres de long sur 20 centimètres de large (Sebdou). Son prix est dans le désert de 75 centimes à 1 franc la pièce; de 1 à 2 francs à Sebdou et à Boghar, de 1 à 3 francs sur la limite du Tell, et de 3 francs dans le Tell (Tlemcen, Tebessa).

Les Arabes ne tannent ordinairement que la peau du cou, des cuisses et du ventre ; ils emploient à cet effet du sel de cuisine, de l'alun et de l'écorce de grenade pilée. Quant à celle du dos, qui est recouverte de plumes, ils se contentent de la frotter avec du sable et du sel et de la laisser sécher au soleil (Laghouat, Tebessa, Boghar). La peau tannée du cou, des cuisses et du ventre, de la valeur d'environ 2 fr. 50 c., leur sert à fabriquer des bourses et des lanières qui, une fois tressées, sont employées à faire des étrivières et des rênes (Laghouat).

Les plumes sont vendues ou avec la peau (dépouilles), ou séparément celles des ailes et de la queue. Les premières sont obtenues d'Autruches tuées à la chasse; les secondes sont ordinairement recueillies dans le désert, et proviennent de la mue, aussi sont-elles avariées. L'âge de l'animal, ou une année plus ou moins abondante, influent aussi sur la qualité des plumes. Lorsque les Arabes ne vendent pas leurs plumes, ils s'en servent pour fabriquer des chapeaux dont ils se parent dans les grandes solennités. Ces chapeaux ont les dimensions et la forme des bonnets à poil des sapeurs; à la hauteur du front se trouve un rebord flexible, d'un pouce environ de largeur, en plumes comme le reste et formant visière (Tebessa). Les plumes noires du dos restent en grande partie dans le pays; réunies en paquets, elles servent aux Oulad Sidi Chikh, Cheraga et Gharaba, à distinguer leurs tentes de celles de leurs serviteurs religieux. Un Arabe qui n'appartient pas à cette grande famille ne peut se permettre cette distinction (Géryville).

Le prix d'une dépouille est de 60 francs à Sebdou. A Géryville, il est difficile de se procurer une dépouille entière à moins de 80 à 100 francs. A Tebessa, une peau d'Autruche mâle va jusqu'à 200 francs, celle de la femelle ne vaut guère que 40 à 50 francs au plus. A Boghar, les indigènes vendent aux juifs, pour 60 à 90 francs, la dépouille entière du mâle et pour 15 à 20 francs celle de la femelle. A Laghouat, une belle peau de mâle vaut actuellement de 125 à 150 francs. Deux dépouilles de femelles valent tout plus une dépouille de mâle. Enfin, à Tlemcen, on fait la remarque que la dépouille d'une Autruche qui vaut 10 francs au Sahara, coûte de 40 à 60 francs sur la limite du Tell, et que les juifs, la revendent de 100 à 150 francs.

Je passe sous silence ce qui concerne les chasses de l'Autruche à *courre* et à l'*affût*, sur lesquelles les divers rapports, en particulier ceux de Géryville, de Tebessa et de Tlemcen, nous fournissent des détails très piquants, mais en partie déjà connus. Il me suffira de dire que la première de ces chasses est presque exclusivement l'apanage de la classe riche parmi les Arabes, vu les préparatifs coûteux qu'elle nécessite et les pertes en chevaux, parfois considérables, qu'elleoccasionne; et que la seconde, celle à l'affût, lorsqu'on la pratique dans la saison de la ponte et auprès des nids, est la plus destructive et souvent la plus profitable, parce que les chasseurs font en même temps la récolte des œufs et des plumes.

Telles sont les observations faites jusqu'à ce jour en Algérie. Nous n'avons pas encore obtenu d'informations authentiques sur les Autruches de la partie orientale du nord de l'Afrique. Seulement nous apprenons par un voyageur anglais, M. Burton (1), qui le premier a pénétré dans les déserts au sud de l'Abyssinie, que là aussi cet oiseau est assez commun, qu'il y est un but de chasse, surtout en vue de ses plumes. Les Somals, les Habr-awal, les Eesa, les Gudabirsi et autres tribus font de ces plumes un trophée de victoire, lorsqu'ils se sont distingués soit à la chasse, soit à la guerre. « Leurs grosses têtes, dit-il, couvertes d'une abondante chevelure, peinte en rouge et imprégnée de beurre, sont surmontées d'un peigne, auquel s'ajoute souvent la sinistre plume d'Autruche, annonçant que celui qui la porte a tué son homme. » Et ailleurs : « Trop nobles pour souhaiter uniquement le butin, les guerriers (du clan des Aygal-Nuh-Ismaïl de la tribu des Habr-awal) cherchent à s'illustrer par la mort de quelques-uns de leurs ennemis. C'est pourquoi, chacun d'eux, en partant, attache à sa selle une plume d'Autruche, dont il doit orner sa tête aussitôt qu'il aura porté un coup heureux. »

Ces plumes et les œufs entrent aussi dans le commerce par la voie de la mer Rouge. Voici, d'après M. Fresnel, consul à Djedda, la note approximative des quantités exportées (2).

Provenances de la côte des Somalis.		
Plumes d'Autruches 50 rotl. pour environ.	150	thalaris.
Provenances de Marsawah.		
Plumes d'Autruches 50 rotl. pour environ.	1000	—
Provenances de Souakim.		
Plumes d'Autruches 50 rotl. pour environ.	1000	—
OEufs id.	500	—
Somme totale.	2500	thalaris.
Équivalent (valeur moyenne du thalari de Marie-Frédéric d'Autriche, 6 fr.) à	15330	francs.

Les documents que nous avons pu recueillir en Europe sur les Autruches captives dans des ménageries sont peu nombreux,

(1) *First Steps in East Africa*, London, 1856 ; et *Revue britannique*, Paris, sept. 1856.

(2) *Voyage en Abyssinie* de MM. Ferret et Galinier, tome I, page 326.

cependant ils méritent d'être signalés comme objet d'étude et d'acclimatation.

Le rapport de M. Marius de la Puix-Graells, délégué, à Madrid, de la Société impériale d'acclimatation, qu'il a adressé à cette Société en réponse à notre Questionnaire, est surtout remarquable par l'intérêt des observations et des vues de son savant auteur.

La ménagerie royale du Buen-Retiro à Madrid possède depuis quatre ans un mâle et une femelle d'Autruches, jeunes encore et très robustes ; elles se sont parfaitement acclimatées dans cette localité, quoiqu'il ne soit pas rare de voir le thermomètre centigrade descendre en hiver à 6 degrés au-dessous de zéro, et s'élever, en été, à 36 degrés. Renfermées dans un parc, où on leur a construit une cabane, elles ne profitent jamais de cet abri, à moins d'y être forcées, et restent au dehors exposées à la pluie, à la neige et même aux plus fortes gelées.

Lorsqu'il se prépare un changement de temps, on a observé constamment que ces oiseaux courent dans toutes les directions, et qu'elles sont surtout agitées lorsque le vent doit venir du sud. Lorsque ce changement doit amener de grandes tourmentes de pluie ou de neige, elles grattent la terre et la lancent au loin ; mais une fois que la bourrasque éclate, elles restent en place immobiles, jusqu'à ce qu'elle soit passée, quoique étant couvertes de neige.

Elles aiment à se baigner, et ont la facilité de le faire dans le parc.

La saison des amours a commencé en mars chez les Autruches du Retiro et a duré presque tout le printemps ; elle ne s'est fait sentir que sur la femelle, qui semblait solliciter le mâle ; mais celui-ci, trop jeune peut-être, paraissait indifférent à ses provocations. La femelle n'a donc point été couverte, et cependant depuis deux ans elle a commencé à pondre treize œufs, deux fois par an, en juin et en août, et elle les déposait dans une cavité qu'elle avait creusée dans le sable. Ces œufs n'étant ni fécondés, ni couvés, se sont maintenus en bon état pendant plus de trois mois, et ceux qui ont été mangés ont été trouvés de très bon goût. Leurs dimensions étaient de $0^{m},165$ sur

$0^m,125$, et leur poids s'élevait à 54 ou 56 onces castillanes (1553 grammes — 1610 grammes).

Si l'Autruche est timide à l'état sauvage, elle cesse de l'être lorsqu'elle est captive et familière, et loin de fuir l'étranger, elle le brave en faisant du bruit.

Le mâle, lorsqu'il prend quelqu'un en haine, l'attaque, le frappe à la poitrine, le renverse et le piétine. C'est ce qui est arrivé, il y a peu d'années, au Retiro, où une Autruche rompit trois côtes à un employé qui ne lui plaisait pas. Pour se mettre à l'abri de ces attaques, les employés ne trouvaient rien de mieux que de lui lancer de l'eau, et ce moyen leur parut plus efficace que des menaces.

Quoique le rapport de M. Graells se taise sur la durée de la vie de l'Autruche d'Afrique, il cite un fait qui ouvre la voie aux probabilités. La ménagerie a pu, en effet, maintenir vivant pendant trente années un Nandou femelle. Or, le Nandou d'Amérique étant de la même famille que l'Autruche, mais de moitié plus petit et plus faible qu'elle, il est vraisemblable que la durée de vie de cette dernière, loin d'être inférieure à ce chiffre, doit aller plutôt au delà.

L'Autruche est un animal qui s'alimente de végétaux de peu de valeur, de déchets de jardinage, et eu égard à sa corpulence, la quantité de nourriture qu'elle consomme n'est pas excessive. Celles du parc de la Reine reçoivent par jour 1/2 celemine (2515 grammes) d'orge ou un pain de munition et 1/2 cabas, soit 1/4 de fanègue (15 500 grammes) de laitues, d'escaroles et autres verdures qu'on a soin de couper en petits morceaux. Elles mangent aussi des fruits. En général, elles préfèrent la verdure à l'orge ou à d'autres aliments; toutefois, en état de captivité dans une basse-cour, il ne faut pas s'en tenir au régime vert, mais y ajouter des substances féculentes. On supprime toutes les rations, lorsqu'elles peuvent pâturer en liberté, parce qu'elles se procurent elles-mêmes leur nourriture et qu'elles trouvent à happer des insectes, des vers, des limaçons et autres petits animaux dont elles sont très friandes. Si donc on les mène paître dans la campagne, leur nourriture est aussi économique que celle des animaux herbivores qu'on élève en

Europe. A Madrid, elles boivent volontiers à toutes les époques de l'année, mais au printemps surtout on les voit rechercher l'eau avec plus d'empressement, et plus souvent.

La possibilité de la domestication, M. Graells la résout par l'affirmative, en s'appuyant sur les données suivantes :

Les Autruches du Retiro, loin de fuir les étrangers, viennent au contraire au galop à leur rencontre, les suivent partout, sans doute dans l'espoir de recevoir quelque aliment, et, entrant dans la grande enceinte de la ménagerie, y vivent en communauté avec les Kangurous, les Dromadaires et les Gazelles.

Dans le mois d'août 1847, un Murcien était allé, en compagnie de quelques autres camarades, chercher des sangsues dans les lacs qu'on trouve aux environs de Tanger, dans le voisinage du désert. Ils voyageaient de nuit pour éviter l'ardeur du soleil, et au point du jour du 3 de ce mois, ils surprirent sur son nid une Autruche qui couvrait de ses ailes dix-neuf petits de la taille d'un chapon. La mère s'enfuit avec toute sa couvée à l'arrière-garde; mais les Murciens se donnèrent tant de peine, qu'ils parvinrent à s'emparer de six des petits. Soit la chaleur intense de la saison, soit ignorance de la nourriture à donner, soit l'embarras de savoir comment se défaire de ces animaux, il en périt cinq. Une seule en réchappa et fut transportée en Espagne, où elle suivit familièrement son maître comme un chien, voyageant à pied derrière lui, depuis Carthagène à Madrid. La petite Autruche avait alors quatre mois, sa taille était double de celle d'une Outarde, et elle venait de se couvrir de plumes. M. Graells l'acheta, la plaça dans le jardin de botanique dont il est le directeur, et elle y vécut douze mois, suivant partout les jardiniers, et même, lorsqu'on la laissait seule, elle devenait triste et ne cessait de piauler jusqu'à ce qu'il lui fût permis de retourner dans la compagnie des travailleurs. Sa mort fut accidentelle.

Partant de ces faits, M. Graells croit pouvoir conclure : 1° Que les Autruches sont *sociables*, et s'habituent aussi facilement que les autres oiseaux domestiques à la société de l'homme; 2° que, par conséquent, sa domestication ne doit pas être difficile, et qu'une fois obtenue et tous les besoins de l'animal satisfaits, il est probable qu'elle ne fuirait pas loin de l'habitation, surtout après plusieurs générations.

Quant au mode d'éducation propre à obtenir ce résultat, l'auteur pense que le meilleur consiste à les élever dès le premier âge, avec d'autres animaux domestiques et dans un lieu où elles se trouveraient en contact avec les mêmes personnes.

Il combat aussi l'opinion émise par M. Aucapitaine : « Que l'élève de l'Autruche en France ne pourra être qu'un simple objet de curiosité, un aliment plus cher que les oiseaux délicats de nos basses-cours. »

« Si le climat de la France, dit-il, était convenable à la propagation de l'Autruche, il se rencontrerait des localités où son alimentation serait amplement et indubitablement indemnisée par les produits que cet animal peut fournir. Car si, faisant abstraction de la valeur de ses plumes, et en comptant simplement le prix de sa chair, de sa graisse et de ses œufs, on établit une comparaison avec le prix de revient d'une Poule et son rendement, on verra que l'économie serait du côté de l'Autruche et que les dépenses qu'elle occasionnerait seraient comparativement moindres (1). En effet, la consommation d'aliments serait entre elles dans la même proportion que celle d'un Lapin à un Mouton, ou d'un Mouton à un Bœuf. Les bénéfices pourraient se calculer sur la même échelle. Et cependant personne n'aurait l'idée d'avancer que parce qu'un Bœuf mange plus qu'un Lapin, son élevage est désavantageux à un pays. »

M. Graells persiste donc à croire que l'acclimatation et la domestication de l'Autruche d'Afrique en Europe est non-seulement possible, mais qu'elles peuvent être d'une grande utilité, en raison des nouveaux produits alimentaires qu'elles

(1) Le fait qu'a cité notre honorable collègue, de la taille comparative d'une Autruche de quatre mois et de celle d'une Outarde, vient à l'appui de sa thèse. En effet, le poids de l'Outarde adulte étant de 12 livr. (6 kilogr.), il est vraisemblable que la jeune Autruche de quatre mois en pèserait au moins 24, tandis qu'un poulet de même âge, nourri soigneusement, ne pèse au plus que 4 livres. La rapidité de la croissance de cet oiseau, et la délicatesse de sa chair à cet âge, expliqueraient l'économie de son élevage, malgré les frais plus considérables de sa nourriture.

peuvent fournir, et il pense en outre qu'aucune nation n'a aujourd'hui autant de facilité que la France pour exécuter cette entreprise, en commençant les essais dans l'Algérie et sous le patronage de la Société impériale d'acclimatation.

Je n'ai pu obtenir que des renseignements assez laconiques de l'administration du Jardin zoologique de Londres, au sujet de cinquante-quatre Autruches qu'a reçues cet établissement depuis sa création, en 1828, jusqu'à ce jour. Il n'en possède qu'un petit nombre d'individus en 1857, ce qui indique une mortalité considérable.

Une des causes fréquentes de maladies aurait été l'obésité excessive ; il se serait aussi présenté plusieurs cas de paralysie des jambes, mais le plus grand nombre de sinistres auraient été occasionnés par des accidents, tels que fractures des membres, etc.

La durée la plus longue de vie, observée en état de captivité, a été de vingt ans.

Les Autruches femelles ont pondu plusieurs œufs, aucun n'a été couvé; mais on a fait des essais d'incubation artificielle, avec l'appareil de Cantalo et une température de 109 à 112 degrés Fahrenheit (42 à 46° c.). Ces essais n'ont pas réussi, et l'on ne dit pas qu'on se soit assuré de la fécondation des œufs.

La nourriture qu'on leur administre une fois dans les vingt-quatre heures consiste en foin haché, 2 quarts (2202 grammes), avoine ou orge ou maïs, d'une pinte à 1 quart (de 550 grammes à 1101 grammes) choux ou herbe ou trèfle, de 1 à 2 livres de 12 onces (373 grammes 1/4 à 746 grammes 1/2), et pain 1/2 livre (187 grammes). En été, où elles prennent plus d'exercice qu'en hiver, elles mangent davantage. Au reste, on se règle pour la quantité de nourriture sur l'état de l'oiseau, et en particulier on combat la tendance à l'obésité par une réduction d'aliment.

Elles boivent tout au plus 1 pinte (550 grammes) d'eau par jour en été, et presque pas en hiver.

Elles ne se baignent pas, mais s'exposent volontiers en été aux pluies chaudes.

Leur habitation est en brique, exposée au midi, elle est chauffée en hiver, et soigneusement ventilée et pavée pour les mettre à l'abri de l'humidité du terrain. L'enclos attenant, d'une superficie de 60 sur 70 fathoms (109m,440 sur 127m,680) est drainé et gravelé.

Dans les temps froids et par les brouillards on les enferme, mais on les laisse sortir pendant plusieurs heures chaque jour, lorsqu'il fait beau temps.

L'administration du Jardin zoologique d'Amsterdam, en réponse aux questions que je lui avais adressées, a bien voulu me transmettre quelques informations sur les Autruches qui font partie de sa ménagerie.

De 1842 à 1856, c'est-à-dire dans l'espace de quatorze ans, elle a possédé 17 Autruches, dont 6 mâles et 11 femelles, la plupart originaires du nord de l'Afrique. Sur ce nombre il en est mort 12, dont 4 mâles et 8 femelles.

La moyenne de vie, en état de captivité, a été de deux ans, la durée la plus longue de cinq ans.

La mort de quatre de ces oiseaux fut due à des causes accidentelles, l'une s'est étranglée dans les barreaux, une seconde s'est cassé les jambes, en s'élançant contre l'enceinte; la troisième avait avalé de petits morceaux de plumes; une quatrième, qui n'a vécu que trois mois, avait avalé, dans la traversée, un couteau qui lui avait percé l'estomac et blessé la rate. On paraît admettre que les autres périrent par suite du chauffage artificiel, et le plus grand nombre par excès de nourriture. En conséquence, l'administration insiste sur le choix de gardiens soigneux et attentifs, sur la convenance de ne point chauffer en hiver le lieu d'habitation, et de fractionner les rations de nourriture dans le courant de la journée.

L'orge, les fèves, les carottes, le pain de seigle, font la base du régime; en été, on y ajoute de l'herbe fraîche, et en hiver, des fleurs de trèfle séchées, 1 kilog. 1/2 de nourriture par jour suffit. En général, on a remarqué que ces animaux préféraient une nourriture variée, plutôt que des aliments toujours les mêmes.

Quoique l'eau qu'on leur donne à boire soit d'excellente qualité, ils boivent peu et irrégulièrement.

L'habitation n'a que 6 à 8 aunes (l'aune = 69^{cm},42) de superficie et l'enclos environ 20 aunes. Le sol de l'habitation est recouvert de pierres cimentées, et celui de l'enclos de sable et de gravier. Le pavillon n'est fermé en été que par une simple grille, au printemps et en automne par des portes pleines. En hiver, on les transporte dans une galerie fermée.

Le rapport spécifie aussi qu'en été on ne les renferme que pendant la nuit, parce que, dans cette saison, la pluie ou le temps variable ne leur fait aucun mal. Quoiqu'il ne soit pas question d'autres influences atmosphériques, et surtout des brouillards, si fréquents en Hollande aussi bien qu'en Angleterre, cette dernière cause n'aura pas été sans doute étrangère à la mortalité.

Deux des Autruches femelles ont pondu des œufs dans l'établissement, l'une sans avoir été fécondée, l'autre à la suite de l'accouplement. Les essais d'incubation artificielle n'ont pas réussi.

Le Jardin zoologique de Marseille, créé en mai 1854, m'a également fourni quelques données.

M. Morin-Lombard, jeune ingénieur français qui, plein de zèle pour les sciences naturelles, s'était occupé spécialement de cette fondation, m'a appris qu'on y avait reçu treize Autruches dans le courant de l'année et en particulier deux mâles et quatre femelles, présent du général Pélissier.

Elles furent placées dans un enclos assez vaste et on leur construisit un abri, ouvert du côté du sud. Même pendant l'hiver, elles continuèrent de vivre en très bonne santé, quoiqu'elles couchassent dans la neige, et que le thermomètre descendît quelquefois à 2 ou 3° c. au-dessous de zéro.

Le régime consistait en 1 litre d'orge par jour, indépendamment des végétaux frais, tels que trèfle, choux et autres légumes de jardin.

Elles buvaient fréquemment pendant l'été et en assez grande quantité chaque fois.

L'influence des orages se faisait sentir d'une manière aussi marquée sur ces Autruches captives que sur celles en liberté, elles étaient alors fort agitées, et couraient en tous sens; lorsque soufflait le sirocco, elles éprouvaient également une espèce de surexcitation folle, et pivotaient sur place en battant des ailes.

Les femelles ne pondirent pas pendant que M. Morin surveillait l'établissement, quoique l'accouplement eût lieu fréquemment, et cette circonstance le frappa d'autant plus que M. Barthélemy de Lapomeraye, directeur du Muséum, possédait une Autruche femelle, qui, sans avoir été cochée, depuis son arrivée à Marseille, avait pondu des œufs pendant plusieurs années (1).

(1) M. Barthélemy de Lapomeraye a bien voulu lui-même me faire parvenir tout récemment (août 1857) une note sur le Jardin zoologique de Marseille, à la création duquel il a coopéré activement, et qui, confirmant ou rectifiant quelques-uns des détails que m'avait fournis M. Morin, ajoute de nouveaux documents précieux à enregistrer.

Plusieurs des Autruches primitives avaient été vendues par le gérant. En 1855 et 1856, l'établissement en possédait encore huit, mais aujourd'hui le nombre en est réduit à deux couples, ce qui n'est pas dans les conditions normales, un mâle devant avoir toujours autour de lui plusieurs femelles si l'on veut se livrer à des essais d'incubation artificielle. Au reste on n'a entrepris aucun essai semblable, quoiqu'une des femelles ait pondu 10 œufs sur 16 recueillis entiers dans le parc, et que ces œufs parussent fécondés : ces œufs ont été distribués en cadeaux et.... mangés. Et cependant on ne saurait méconnaître la convenance d'entreprendre des essais de domestication dans une localité aussi favorablement placée que Marseille, vu la sécheresse de son climat. En effet, depuis l'ouverture du jardin il n'y est mort qu'une seule Autruche (variété Albine), reçue en don et arrivée malade d'une inflammation à la gorge.

Ces oiseaux supportent facilement des températures assez basses. « A la campagne, » dit M. Barthélemy de Lapomeraye, « dans la banlieue de Marseille, où j'ai fait mes premières observations, et plus tard au Muséum, j'ai constaté que l'action du froid, à une température de 6 degrés Réaumur au-dessous de zéro, n'était nullement contraire à la santé des Autruches; j'ai vu ces échassiers couchés impassibles au milieu de la neige, le jour comme la nuit, bien qu'ils eussent à leur portée un hangar commode et bien abrité. Elles becquetaient cette neige amoncelée autour d'elles. Cette année, au Jardin zoologique, sur un point culminant que le vent du nord balaye avec violence, et à une température glaciale de plus de 6 degrés

Il me reste à faire mention des résultats pratiques obtenus par un homme dont le rôle modeste, celui de conducteur d'Autruches, l'a mis à même de bien étudier leurs habitudes et leurs mœurs.

Je veux parler de M. Henri Chabert, originaire des environs de Lyon, bien connu dans plusieurs contrées de l'Europe et en particulier à Paris, en 1851, par ses exhibitions de l'Hippodrome, où il montait et dirigeait des Autruches apprivoisées. En 1852, il répétait ses exercices à Londres, et parvenait à atteler ses oiseaux à une petite voiture. Après avoir parcouru l'Angleterre et l'Écosse, il a regagné le continent; la Hollande, la France et la Suisse l'ont accueilli successivement, et c'est en passant à Genève, qu'il s'est empressé de me communiquer son plan d'éducation des Autruches adultes.

Il est arrivé surtout à développer quelques-unes des facultés

au-dessous de zéro, elles n'ont souffert en aucune manière, et toujours elles ont préféré rester au milieu de leur parc que de se mettre à couvert dans de bonnes conditions. Je ne les ai pas vues grelotter comme bien d'autres échassiers, notamment un Marabout, qui a perdu toutes ses premières phalanges.

» La domestication des Autruches est un problème résolu depuis longtemps à mes yeux. C'est un animal sociable, la femelle surtout, qui s'attache à la personne dont elle reçoit les soins journaliers. Le mâle, au moment du rut, est dangereux, hardi et menaçant. Il faut se méfier et ne jamais se laisser aborder d'assez près pour qu'il puisse vous assaillir de ses jambes, dont le pied bi-ongulé atteint l'homme à la hauteur de la poitrine et le renverse facilement d'un seul coup. Il est essentiel de ne jamais l'exciter au moment des amours, il deviendrait intraitable.

» L'Autruche nourrie convenablement avec des pommes de terre cuites, avec beaucoup de débris de légumes verts, avec une ration d'orge par jour, n'excédant pas un litre, l'Autruche alimentée d'une eau abondante et saine, se porte toujours bien. Ses excréments solides, turriculés et mêlés d'une urine glaireuse blanchâtre, sont l'indice d'une bonne santé.

» J'en ai fait un *auxiliaire de l'agriculture*, et voici comment : Les Autruches doivent être parquées près des habitations, dans l'objet de les surveiller et de les rendre de plus en plus familières. Leur parc, en claire-voie de 2 mètres de hauteur environ, doit être accessible, au moins sur les deux tiers de sa surface; la troisième partie adossée devant communiquer à un abri exposé au midi. L'Autruche a l'habitude de se porter toujours au contact de sa barrière et de parcourir incessamment d'un bout à l'autre

de cet animal en mettant à profit sa passion dominante, la gourmandise, à l'aide du sucre, et il parvient à le maîtriser au moyen d'une espèce de capuchon qui enveloppe la tête sans gêner le bec.

Pour le monter, il se sert d'une selle légère, consistant en un morceau carré d'étoffe épaisse, garnie d'un large bourrelet en avant et en arrière, et ne recouvrant que le dos. La selle est solidement fixée au tronc au moyen de deux sangles, l'une antérieure, répondant à la callosité du sternum, l'autre postérieure, passant sur les os du bassin ; toutes deux étroites sur les côtés, mais larges en dessous et munies de boucles et d'ardillons. Il se tient assis sur cette selle, le corps fort en arrière et les jambes pendantes sur les côtés du cou, de cette manière les fonctions des ailes et des sacs aériens ne sont pas gênées et l'équilibre est maintenu.

Pour guider l'Autruche, il ne se sert que d'une simple ba-

l'espace disponible. Si l'on stratifie sur leur passage des herbes grossières, quelque peu de litière provenant d'une écurie, le tout arrosé d'un peu d'eau, au bout de quelques jours, grâce à de nombreuses défécations sur place, le piétinement continué produit une boue noire, véritable Guano du moment, dont l'action fécondante est si énergique, qu'il suffit d'une faible quantité de son détritus pour activer admirablement la végétation des plantes diverses. J'ai fait de nombreuses épreuves à ce sujet, au Muséum ainsi qu'au Jardin zoologique, et les quantités d'engrais bien malaxé que j'ai obtenues sont telles, que je suis autorisé à dire, en dernière analyse, *que l'Autruche dirigée vers ce dernier but doit être considérée comme auxiliaire de l'agriculture.*

» En dehors de ce rendement, le mâle donnerait sa récolte de plumes alaires, blanches et recherchées, la femelle de plumes grises sous-alaires qu'il ne faut pas dédaigner, des œufs en assez grand nombre, mais non en pontes régulières, à moins qu'on ne parvînt à la rendre périodique, chaque année, au moyen d'un régime alimentaire bien combiné. J'ai cru remarquer que le plâtras mis à la portée du bec des Autruches, devenait pour les deux sexes un utile stimulant. »

Enfin M. Barthélemy de Lapomeraye, parlant des incubations artificielles, pense qu'elles doivent être tentées par des hommes instruits et patients, et qu'elles peuvent l'être plus facilement et plus sûrement en Algérie, où les Autruches à l'état domestique abondent, que dans quelques établissements industriels, où la difficulté doit tout d'abord provoquer le découragement.

guette, qui, appliquée contre le col, tantôt à gauche, tantôt à droite, suffit pour diriger l'animal dans le sens de la pression exercée. Pour l'arrêter, il a établi, au tiers inférieur du cou, deux bandes en forme de collier, maintenues en place à l'aide d'une courroie qui vient se fixer à la sangle antérieure; c'est à ces bandes que tient la bride avec laquelle il ramène le cou en arrière. Ces moyens peuvent réussir pour la course dans une enceinte fermée, mais je doute qu'il en soit de même en rase campagne, et je considère l'emploi des *œillères* comme préférable.

Lorsqu'il s'agit d'atteler les Autruches à une voiture, M. Chabert remplace la selle que nous venons de décrire par une autre plus large, qui recouvre le haut des ailes, et dont les deux sous-ventrières sont reliées sur les côtés par une bande large et forte qui s'incline obliquement d'avant en arrière. C'est à ces bandes latérales que s'adaptent les brancards et les reculs.

Je l'ai vu monter avec la plus grande facilité sur ses Autruches, et quoique supportant un poids de 60 kilogrammes, elles n'en paraissaient nullement fatiguées.

M. Chabert est parvenu à faire coucher les Autruches, en leur jetant de la poussière sous le ventre et sur le col; au bout de quelque temps, elles se couchent pour se vautrer dans cette poussière, comme le feraient des poules ou des moineaux.

Il reconnaît l'importance de leur tenir les pieds au chaud et au sec dans nos climats; aussi a-t-il soin de répandre sur le sol de leur demeure une couche épaisse de sciure bois en hiver et de sable sec en été.

Sur sept Autruches qu'il a possédées, il en a perdu quatre, dont trois en Angleterre, par suite du climat humide et des brouillards, et l'ouverture des cadavres lui a prouvé que le système nerveux avait seul souffert; la quatrième a succombé à une apoplexie cérébrale après une course violente.

Lorsqu'il s'aperçoit qu'elles tombent malades, qu'elles cessent de manger et se couchent, ou qu'elles sont constipées, il commence par les tenir au chaud, leur donne une ou deux pilules d'aloès pour les purger, puis leur fait avaler ou du bouillon léger chaud, ou du lait chaud étendu d'eau. L'exercice en plein air termine la cure.

Ses Autruches mangent 375 grammes de pain deux fois par jour, indépendamment de quelques légumes, et elles boivent environ un litre d'eau. Elles se nourrissent aussi de feuilles d'arbres et même elles paraissaient digérer la sciure de bois de sapin qui leur servait de litière, et dont je leur ai vu avaler d'assez grandes quantités. En outre, elles prenaient goût à becqueter le mortier calcaire des parois du local où elles étaient renfermées. Quant aux pierres, au papier, aux clous de fer, qu'on leur donnait pour amuser le public, ils paraissaient avoir été également dissous en traversant les organes digestifs, du moins n'en a-t-on jamais trouvé trace dans les matières fécales.

En résumé, l'ensemble des documents additionnels que je viens de citer, me paraît donc favorable aux conclusions de mon mémoire. Reste la question de l'incubation des œufs, qui n'est pas suffisamment étudiée, mais qui ne tardera pas sans doute à l'être, sous l'influence de la généreuse et patriotique initiative de M Chagot aîné. Cet honorable citoyen, en effet, non content d'avoir doublé la prime de 1,000 francs, offerte à ceux qui parviendraient à recueillir des plumes sur des élèves d'Autruches, obtenus par l'incubation, annonce l'intention de verser immédiatement cette somme de 2,000 francs si, dans une ferme modèle, on était déjà arrivé à acclimater des Autruches, et s'il s'y trouvait maintenant de ces oiseaux provenant d'une seconde génération.

NOTE.

M. Ferd. Denis, avec son obligeance habituelle, vient de nous communiquer le passage suivant, qui se trouve dans un manuscrit par lui découvert à la Bibliothèque impériale de Paris (*Cronica de Guinee*, par Gomez Eanez de Azurara). Il est intéressant, en ce qu'il nous montre que le premier voyageur dans ces contrées (1446), parlant des Autruches, avait des idées très justes sur l'incubation de ces oiseaux.

« C'était l'opinion de beaucoup d'individus en Espagne et encore chez d'autres, que ces grands oiseaux, nommés *Emas*, ne couvaient pas leurs œufs, mais que ainsi qu'ils les posaient sur le sable, ainsi ils les laissaient. La chose fut trouvée bien contraire, car ils déposent 20 à 30 œufs et les couvent comme les autres oiseaux. »

ERRATA.

Page 16,	ligne 31,	*au lieu de*	46 fr. 40 c., *lisez* 45 fr. 40 c.
— 20,	— 34,	—	met, *lisez* importe.
— 33,	— 13,	—	posés, *lisez* basés.
— 39,	— 7,	—	condions, *lisez* conditions.
— 41,	— 20,	—	Fhumberg, *lisez* Thumberg.
— 46,	— 28,	—	d'utilisées, *lisez* utilisés.
— 55,	— 9,	—	velue, *lisez* veule.
— 55,	— 20,	—	velues, *lisez* veules.
— 60,	— 5,	—	passe, *lisez* fasse.
— 88,	dans la note,	—	Vekermans, *lisez* Vekemans.
— 92,	dans la note,	—	moins de 12 degrés C., *lisez* — 12 degrés C.
— 94,	ligne 9,	—	ne que peut l'appuyer, *lisez* ne peut que l'appuyer.
— 97,	— 1,	—	Toutes opérations, *lisez* Toutes ces opérations.
— 99,	— 7,	—	plus, *lisez* plutôt.
— 107,	— 17,	—	Walfisbay, *lisez* Walfishbay.
— 107,	— 30, 31,	—	feignant de vains efforts, *lisez* feignant de faire de vains efforts.
— 109,	— 1,	—	huit, *lisez* sept.
— 109,	— 2,	—	trois, *lisez* deux.
— 109,	— 12,	—	Chikh, *lisez* Cheikh.
— 110,	— 13,	—	mata, *lisez* meta.
— 110,	— 15,	—	Guebli, *lisez* Geubli.
— 110,	— 25,	—	el Garhi, *lisez* el Gharbi.
— 112,	— 16,	—	admet la monogamie à l'état sauvage. Tout en reconnaissant, *lisez* admet la monogamie à l'état sauvage, tout en reconnaissant.
— 112,	— 17,	—	sont polygames, les autres. *lisez* sont polygames. Les autres.
— 114,	dans la note,	—	sumtars, *lisez* Hunters.

TABLE DES MATIÈRES.

PREMIÈRE PARTIE.

DES PRODUITS, DES MŒURS ET DES MALADIES DE L'AUTRUCHE.

DEUXIÈME PARTIE.

PLAN DE DOMESTICATION DE L'AUTRUCHE EN ALGÉRIE.

APPENDICE.

www.ingramcontent.com/pod-product-compliance
Ingram Content Group UK Ltd.
Pitfield, Milton Keynes, MK11 3LW, UK
UKHW012041240726
13965UKWH00003B/963

9 782013 021647